本书由以下项目和机构联合资助
国家杰出青年科学基金项目"自然－经济系统水资源评价理论与方法"(41625001)
河南省水圈与流域水安全重点实验室

自然-社会系统水资源评价理论与方法

刘俊国　赵丹丹　冒甘泉　张学静　著

科学出版社
北　京

内 容 简 介

本书详细介绍了自然-社会系统下水资源评价的理论框架、方法体系及其应用。内容涵盖蓝绿水资源评价、水足迹评价、虚拟水评价、水资源短缺评价等。阐述了自主研发的水与生态系统模拟器，揭示了全球蓝绿水资源空间分布格局；阐明了中国水足迹的时空演变特征、驱动机制与可持续性；分析了中国虚拟水贸易特征及其驱动机制；提出了三维水资源短缺评价理论框架，定量评价了中国水资源短缺时空分布格局；以典型的缺水区——京津冀地区为例，阐明了自然-经济-社会系统在水资源利用方面的权衡与协同；最后提出了水资源可持续利用研究的新范式。

本书可作为水文学、生态学、环境科学、自然保护学等领域的科研人员、研究生和本科生的参考书，对关注水资源的政策制定者、政府工作人员、景观设计师、企业人士、认证机构人员及公众也具有参考价值。

审图号：GS 京(2023)0162 号

图书在版编目(CIP)数据

自然-社会系统水资源评价理论与方法 / 刘俊国等著. —北京：科学出版社，2023.2
ISBN 978-7-03-074405-0

Ⅰ. ①自… Ⅱ. ①刘… Ⅲ. ①水资源-资源评价 Ⅳ. ①TV211.1

中国版本图书馆 CIP 数据核字（2022）第 253749 号

责任编辑：李晓娟　王勤勤 / 责任校对：樊雅琼
责任印制：吴兆东 / 封面设计：无极书装

科学出版社 出版
北京东黄城根北街 16 号
邮政编码：100717
http://www.sciencep.com

北京中科印刷有限公司 印刷
科学出版社发行　各地新华书店经销
*

2023 年 2 月第 一 版　　开本：787×1092　1/16
2023 年 2 月第一次印刷　　印张：11 1/4
字数：300 000

定价：168.00 元
（如有印装质量问题，我社负责调换）

前　　言

水资源是维持生物生存与社会发展的最基本要素，也是影响经济可持续发展的关键因素。近年来，伴随着人口增长和社会经济快速发展，人类社会对水资源的消耗呈现加速增长的趋势，加剧了地区水资源短缺与水污染问题。水资源利用的可持续性正面临着前所未有的巨大挑战。作为全球最大的新兴经济体，我国水资源短缺问题尤为严重。早在2011年，我国就将水安全提升到国家安全的战略高度，2015年，国务院正式发布《水污染防治行动计划》（简称"水十条"），要求控制用水总量、提高用水效率、科学保护水资源。因此，科学评价自然-社会系统下区域水资源，揭示强人类活动下水与社会经济相互作用关系，对于实现水资源高效利用，保障我国粮食安全、经济可持续发展和生态安全具有重要的理论意义与现实价值。

水资源可分为蓝水和绿水，蓝水主要是指储存在江、河、湖、湿地及浅层地下水中的水资源，绿水是指源于降水、存储于非饱和土壤中并通过植被蒸散消耗的水。蓝绿水概念的提出，将水资源的研究范畴逐渐从传统的蓝水资源拓展到广义的蓝绿水资源。此后，包含蓝水和绿水的广义水资源评价逐渐在学术界得到认可并发展起来。

随着社会经济发展，人与水资源相互作用关系也发生了深刻的变化，人类通过农业种植、经济生产等活动抽取、消费地表和地下水，完成水资源在社会系统中的再分配，水资源也通过蒸腾、蒸发、入渗等诸多生态系统过程对人类生产生活方式产生间接影响。传统水资源评价主要以径流性水资源（蓝水）为研究对象，鲜有研究考虑自然-社会系统下全部有效水量及其利用效率问题，因此自然-社会系统下的水资源评价正逐步成为当今水文水资源领域研究的重点和热点方向。事实上，科学评价自然-社会复合系统下区域水资源情况，揭示强人类活动下水与社会经济相互作用关系，对于实现水资源高效利用，保障我国粮食安全、经济可持续发展和生态安全具有重要的理论意义与实用价值。

本书立足"强人类活动下水足迹演变规律"和"虚拟水贸易驱动规律"这两大关键科学问题，通过构建水-经济-环境耦合模型，丰富和发展了自然-社会系统下的水资源评价理论与方法，并在全球、全国、区域/流域等不同空间尺度进行应用，从科学层面上回答以上两大关键科学问题，并在应用层面上为应对区域水资源短缺和水资源的可持续利用提供理论依据与技术支撑。本书共9章。第1章简要介绍研究背景与意义及本书所涉及研究内容的创新性构思。第2章介绍蓝绿水资源评价的新工具——WAYS模型，揭示全球蓝绿水资源空间分布格局。第3章详细分析中国水足迹时空演变趋势及驱动机制。第4章基于水足迹的相关理论与方法，定量评价中国水足迹的环境可持续性。第5章应用比较优势理论和空间计量分析技术阐述中国虚拟水贸易的驱动机制。第6章以三维水资源短缺评价理论为基础，探明不同空间尺度下中国的水资源短缺现状。第7章以水资源问题最为突出的京津冀地区为例，解析该区域水足迹与虚拟水贸易现状及其水短缺程度。第8章结合"以水定产"的产业结构调整政策，分析水资源短缺背景下京津冀地区的经济-社会-环境系统在水资源利用方面的权衡与协同。第9章在自然-社会水资源评价研究的基础上，提出未来流域水资源可持续利用的新范式。

本书的学术思路和写作框架是在刘俊国教授的主持下完成的，书中所有内容是刘俊国教授科研团队集体努力的结晶，也是其所指导的硕博研究生多年来学术成果的集锦。其中有关水足迹、虚拟水贸易、水资源短缺与可持续性评价的章节主要由赵丹丹博士协助完成；水资源禀赋相关的章节主要由冒甘泉博士协助完成。全书的统稿由刘俊国教授完成，文字编校和出版沟通工作由刘俊国和张学静共同完成。南方科技大学博士生刘淑曼、王鹏飞、王泓、黄灏、李保坭，硕士生贾金霖、孟良宇等对本书文稿翻译和文字校对工作付出了努力。书中数据统计口径不同，并且进行了四舍五入处理。

本书得到了国家杰出青年科学基金项目（41625001）及河南省水圈与流域水安全重点实验室的资助。在上述研究中，瑞士联邦水科学与技术研究所杨红教授、美国马里兰大学帕克分校地理系孙来祥教授和冯奎双副教授、荷兰格罗宁根大学能源和可持续发展研究所Klaus Hubacek教授等学者给予了诸多指导与帮助，特此致以衷心的感谢。

自然-社会水资源评价涉及多个学科和研究领域，由于作者水平有限，书中不足之处在所难免，恳请读者批评指正。

作　者
2022年10月24日

目 录

前言
第1章 绪论 ··· 1
  1.1 研究背景与意义 ··· 1
  1.2 创新性构思 ··· 2
  1.3 研究内容 ·· 4
  参考文献 ··· 5
第2章 蓝绿水资源评价 ··· 7
  2.1 蓝绿水研究进展 ··· 7
  2.2 水与生态系统模拟器 ·· 9
  2.3 全球蓝绿水资源评价 ··· 19
  参考文献 ··· 28
第3章 中国水足迹时空演变及驱动机制 ··················· 38
  3.1 水足迹研究进展 ·· 38
  3.2 水足迹时空演变 ·· 43
  3.3 水足迹演变驱动机制 ··· 54
  参考文献 ··· 67
第4章 中国水足迹环境可持续性评价 ······················· 79
  4.1 水足迹环境可持续性研究进展 ··························· 79
  4.2 水足迹环境可持续性评价方法 ··························· 80
  4.3 水足迹时空演变特征 ··· 82
  4.4 水足迹环境可持续性分析 ·································· 84
  参考文献 ··· 88
第5章 中国虚拟水贸易及其驱动机制 ······················· 92
  5.1 虚拟水研究进展 ·· 92
  5.2 虚拟水研究方法 ·· 94
  5.3 土地、劳动力和水资源生产力空间分布格局 ······ 100
  5.4 比较优势空间分布格局 ··································· 103

  5.5 资源生产力和比较优势时间演变趋势 ·· 106
  5.6 净虚拟水输出与机会成本 ·· 107
  5.7 虚拟水贸易的驱动机制 ·· 109
  参考文献 ·· 111

第 6 章 中国水资源短缺评价 ·· 115
  6.1 水资源短缺研究进展 ·· 115
  6.2 三维水资源短缺评价 ·· 128
  6.3 我国水资源短缺评价 ·· 131
  参考文献 ·· 134

第 7 章 自然–社会系统水资源评价案例——以京津冀地区为例 ················ 141
  7.1 京津冀地区的战略地位与水资源状况 ·· 141
  7.2 京津冀地区水足迹与虚拟水贸易核算方法 ·································· 141
  7.3 京津冀地区水足迹产业分布特征 ··· 146
  7.4 京津冀内部虚拟水流动 ·· 148
  7.5 京津冀与其他地区虚拟水贸易 ·· 150
  7.6 京津冀水资源短缺评价 ·· 151
  参考文献 ·· 154

第 8 章 水资源经济–社会–环境协同与权衡分析——以京津冀地区为例 ········ 156
  8.1 以水定产的分析方法——供给约束模型 ····································· 156
  8.2 产业结构调整情景设置 ·· 158
  8.3 不同情境下经济–社会–环境整合分析 ·· 159
  8.4 不同部门经济–社会–环境整合分析 ·· 161
  8.5 水资源刚性约束条件下产业结构调整 ·· 162
  8.6 经济–社会–环境协同和权衡分析 ··· 163
  参考文献 ·· 165

第 9 章 流域水资源可持续利用研究新范式 ······································ 166
  9.1 跨学科知识模型 ·· 166
  9.2 水资源可持续利用研究的范式转变 ··· 167
  9.3 水资源可持续利用研究的网状模型 ··· 169
  参考文献 ·· 170

第1章 绪 论

1.1 研究背景与意义

水资源已经成为影响全球经济与社会可持续发展的关键因素（Vörösmarty et al., 2010；Hoekstra, 2014）。其中，水资源短缺问题在中国地区尤为严重，2011 年中央一号文件将水安全提升到国家安全的战略高度。2015 年，国务院正式发布《水污染防治行动计划》（简称"水十条"），要求控制用水总量、提高用水效率、科学保护水资源。因此，科学评价自然-社会系统下区域水资源情况，揭示强人类活动下水与社会经济相互作用关系，对于实现水资源高效利用，保障我国粮食安全、经济可持续发展和生态安全具有重要的理论意义与实用价值。

传统水资源评价主要以径流性水资源（蓝水）为研究对象，鲜有研究考虑自然-社会系统下全部有效水量及其利用效率问题（Falkenmark and Rockström, 2006；贾仰文等，2006；Schyns et al., 2015）。瑞典科学家 Falkenmark 首次提出了绿水和蓝水的概念：绿水指源于降水、存储于非饱和土壤中并通过植被蒸散消耗的水；而蓝水则是指储存在江、河、湖、湿地及浅层地下水中的水资源（Falkenmark, 1997）。蓝绿水概念的提出，将水资源的研究范畴逐渐从传统的蓝水资源拓展到广义的蓝绿水资源（Falkenmark and Rockström, 2006；Oki and Kanae, 2006）。此后，包含蓝水和绿水的广义水资源评价逐渐在学术界得到认可并发展起来（Falkenmark and Rockström, 2006；程国栋和赵文智，2006；贾仰文等，2006；李小雁，2008；马育军等，2010；徐宗学和左德鹏，2013；Schyns et al., 2015）。

随着社会经济发展，人与水资源相互作用关系也发生了深刻的变化（Nilsson et al., 2005；Oki and Kanae, 2006；夏军等，2006；Destouni et al., 2013），人类通过农业种植、经济生产消费、抽取地下及地表水等方式完成对水资源在社会系统中的再分配，水资源也通过蒸腾、蒸发、入渗等诸多生态系统过程参与经济生产。因此，自然-社会系统下的水资源短缺评价正逐步成为当今水文水资源领域研究的重点和热点方向。2013 年，国际水文科学协会（International Association of Hydrological Sciences, IAHS）启动了 2013~2022 年十年水文计划——Panta Rhei，主题是"处于变化中的水文科学与社会系统"。该计划的引领性论文明确指出，目前国际上多数研究由于没有充分考虑水与社会经济系统的相互作用关系，难以成功应用于自然-社会系统下的水资源研究（Montanari et al.，2013）。近年来国内外学者在"自然-社会"二元驱动的水资源理论、方法和应用方面的研究取得了很大的进展（王浩等，2013）。尽管如此，在社会水文学以及水与社会系统相互作用关系等领域的基础研究还非常薄弱（Sivapalan et al.，2012；Montanari et al.，2013；王浩等，2013）。

目前的水资源研究存在如下问题：①大多数水资源研究仍聚焦蓝水却往往忽略了绿水（Falkenmark and Rockström，2006；Schyns et al.，2015）。然而，绿水是农业用水的主体，直接影响着全球的粮食安全，并在虚拟水贸易中占据主导地位（Liu，2009）。因此，综合考虑蓝水-绿水的水资源评价是今后水资源研究的关键和热点方向（Falkenmark and Rockström，2006；Wagener et al.，2010；Schyns et al.，2015）。②大多数水资源研究仅考虑了实体水通量（尤其是蓝水），对研究区内外的水资源联系，尤其是对通过产品贸易而产生的"虚拟水"通量的研究还非常欠缺（Yang et al.，2013；Zhao et al.，2015）。虚拟水是指生产商品和服务所需要的水资源，是以虚拟的形式包含在产品中看不见的水。在自然-社会系统中，尤其在社会经济系统中，大量的水资源是以虚拟水的形式流动的。虚拟水流动机理研究是"撬动社会水循环研究的一个支点，是真正深入认知社会水循环驱动机制和演变规律的切入点"（龙爱华等，2011）。缓解水资源短缺，保障区域水安全，需要全面考虑蓝绿水和虚拟水，以支撑社会经济可持续发展。

面向国家和区域水安全重大需求，阐明强人类活动背景下蓝绿水的时空分布特征和演变规律，揭示实体水-虚拟水的转化规律和驱动机制，既是发展完善自然-社会系统下水资源评价理论方法的需要，也可为缓解区域水资源短缺，实现水资源高效利用和实施最严格水资源管理提供科学依据。

1.2 创新性构思

自然-社会系统下水资源评价是实现水资源高效利用，保障水安全和生态安全的重要理论基础，也是国际水文科学协会十年水文计划——Panta Rhei 的重要研究方向。本书立足"强人类活动下水足迹演变规律"和"虚拟水贸易驱动机制"两大关键科学问题，紧密围绕"资源禀赋-开发利用-环境影响-应对策略"这条主线，开展自然-社会系统下水资源评价理论与方法研究，并在我国不同空间尺度进行应用，总体思路如图1-1所示。

"资源禀赋"旨在摸清水资源的"家底"，评价蓝绿水资源的空间分布格局；"开发利用"旨在阐明水足迹和虚拟水贸易时空演变规律与驱动机制，重点回答两个关键科学问题；"环境影响"重点探讨水足迹环境可持续性，并构建水量型缺水和水质型缺水评价理论方法体系，揭示水资源短缺的空间分布格局；"应对策略"是研究的"出口"，探讨产

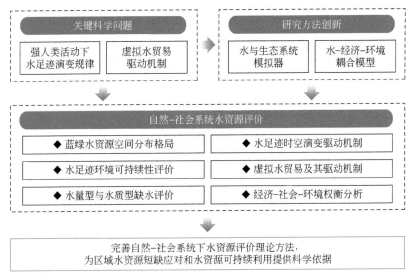

图 1-1　总体思路

业结构调整的"以水定产"策略以及水资源可持续研究的产生和使用范式转变，阐明水资源短缺应对策略和水资源可持续利用的实现途径，技术路线如图 1-2 所示。

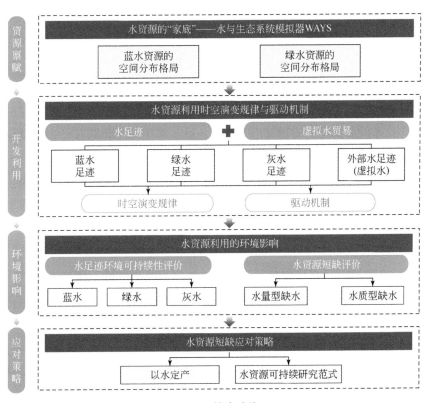

图 1-2　技术路线

本书通过构建水-经济-环境耦合模型，丰富和发展了自然-社会系统下的水资源评价理论与方法，从科学层面上回答以上两个科学问题，在应用层面上为应对区域水资源短缺和水资源的可持续利用提供了理论依据和技术支撑。本书所发展的理论与方法不仅适用于案例区，而且同样适用于其他国家和地区。

1.3 研究内容

1）蓝绿水资源空间分布格局：研发水与生态系统模拟器（Water And ecoYstem Simulator，WAYS），结合野外观测和遥感数据，模拟蓝绿水资源禀赋，阐明蓝绿水空间分布格局，从而为水足迹、虚拟水和水资源短缺评价提供数据基础。

2）水足迹时空演变与驱动机制：基于多区域投入产出表，构建自然-社会系统下的水-经济耦合模型，模拟社会经济系统下蓝绿灰水足迹的空间分布格局和历史演变趋势；采用结构分解分析法，厘清不同驱动因素对水足迹的贡献，阐明蓝绿水足迹演变的自然-人文驱动机制。

3）水足迹环境可持续性评价：在蓝绿灰三种类型水足迹时空演变分析基础上，构建环境可持续性分析框架和指标体系，分析水足迹环境可持续性时空分布特征，并阐明水足迹对河流、地下水及水质的影响，以及随着社会经济用水增长所导致的河流环境流"量"和"质"的变化。

4）虚拟水贸易及其驱动机制：结合区域间投入产出（input-output，IO）分析方法，发展水-经济耦合模型，核算各地区各产业部门虚拟水贸易，厘清虚拟水贸易的产业分布特征；识别引起虚拟水贸易的关键部门及其产业链，采用基于比较优势的经济学方法，揭示社会经济系统中虚拟水贸易的驱动机理。

5）水量型与水质型缺水评价：综述国内外近40年水资源短缺的研究进展，在水资源量、水足迹和环境流研究的基础上，构建综合考虑水量、水质和生态的三维水资源短缺评价理论体系，以水量型缺水和水质型缺水为重点，分析两种类型水资源短缺的空间分布格局，探讨水资源短缺的生态环境影响。

6）水资源经济-社会-环境权衡分析：以京津冀为典型区域，构建水-经济-环境耦合模型，设置不同产业结构调整情景，分析水资源刚性约束条件下产业结构调整的经济、社会和环境影响，阐明水资源利用的经济-社会-环境协同和权衡关系，提出京津冀地区应对水资源短缺的"以水定产"策略。

7）水资源可持续利用：提出水资源可持续知识的产生和使用范式转变，从传统的单学科线性"树状"模型转变为跨学科的"网状"模型，以应对水资源短缺问题，实现水资源可持续利用。

参 考 文 献

程国栋, 赵文智. 2006. 绿水及其研究进展. 地球科学进展, 21 (3): 221-227.

龙爱华, 王浩, 于福亮, 等. 2011. 社会水循环基础理论探析 II: 科学问题与学科前沿. 水利学报, 42 (5): 505-513.

贾仰文, 王浩, 仇亚琴, 等. 2006. 基于流域水循环模型的广义水资源评价 (I) ——评价方法. 水利学报, 37 (9): 1181-1187.

李小雁. 2008. 流域绿水研究的关键科学问题. 地球科学进展, 23 (7): 707-712.

马育军, 李小雁, 徐霖, 等. 2010. 虚拟水战略中的蓝水和绿水细分研究. 科技导报, 4: 47-54.

王浩, 贾仰文, 杨贵羽, 等. 2013. 海河流域二元水循环及其伴生过程综合模拟. 科学通报, 58 (12): 1064-1077.

夏军, 张永勇, 王中根, 等. 2006. 城市化地区水资源承载力研究. 水利学报, 37: 1482-1488.

徐宗学, 左德鹏. 2013. 拓宽思路, 科学评价水资源量——以渭河流域蓝水绿水资源量评价为例. 南水北调与水利科技, 1: 12-16.

Destouni G, Jaramillo F, Prieto C. 2013. Hydroclimatic shifts driven by human water use for food and energy production. Nature Climate Change, 3: 213-217.

Falkenmark M. 1997. Meeting water requirements of an expanding world population. Philosophical Transactions of the Royal Society B: Biological Sciences, 352 (1356): 929-936.

Falkenmark M, Rockström J. 2006. The new blue and green water paradigm: breaking new ground for water resources planning and management. Journal of Water Resources Planning and Management, 132 (3): 129-132.

Hoekstra A Y. 2014. Water scarcity challenges to business. Nature Climate Change, 4: 318-320.

Liu J. 2009. A GIS-based tool for modelling large-scale crop-water relations. Environmental Modelling and Software, 24: 411-422.

Montanari A, Young G, Savenije H H G, et al. 2013. "Panta Rhei-everything flows": change in hydrology and society-The IAHS scientific decade 2013-2022. Hydrological Sciences Journal, 58 (6): 1256-1275.

Nilsson C, Reidy C A, Dynesius M, et al. 2005. Fragmentation and flow regulation of the world's large river systems. Science, 308 (5720): 405-408.

Oki T, Kanae S. 2006. Global hydrological cycles and world water resources. Science, 313 (5790): 1068-1072.

Schyns J F, Hoekstra A Y, Booij M J. 2015. Review and clasification of indicators of green water availability and scarcity. Hydrology and Earth System Sciences, 19 (11): 4581-4608.

Sivapalan M, Savenije H H G, Blöschl G. 2012. Socio-hydrology: a new science of people and water. Hydrological Process, 26: 1270-1276.

Wagener T, Sivapalan M, Troch P A, et al. 2010. The future of hydrology: an evolving science for a changing world. Water Resources Research, 46: W05301.

Vörösmarty C J, McIntyre P B, Gessner M O, et al. 2010. Global threats to human water security and river biodiversity. Nature, 467 (7315): 555-561.

Yang H, Pfister S, Bhaduri A. 2013. Accounting for a scarce resource: virtual water and water footprint in the global water system. Currrent Opinion on Environmental Sustainainability, 5: 599-606.

Zhao X, Liu J, Liu Q, et al. 2015. Physical and virtual water transfers for regional water stress alleviation in China. PNAS, 112 (4): 1031-1035.

第 2 章　蓝绿水资源评价

2.1　蓝绿水研究进展

水资源可以分为蓝水和绿水。蓝水主要是指储存在江、河、湖、湿地及浅层地下水中的水资源,绿水是指源于降水、储藏于非饱和土壤中并通过植被蒸散消耗的水(Falkenmark, 1995, 2003)。蓝绿水研究引发了科学界对水资源概念及评价的重新思考,深刻影响了人类对水资源管理的思维方式,已经成为水文水资源领域研究热点(程国栋和赵文智, 2006)。Falkenmark(1995)率先介绍了绿水的概念,综述了绿水在陆地生态系统中的作用,提出应将绿水资源纳入水资源评价之中。此后,很多研究中引入了绿水流和蓝水流的概念(Falkenmark and Rockström, 2006; Schuol et al., 2008)。绿水流被定义为实际蒸散发,即流向大气圈的气态水通量,包括农田、湿地、水面蒸发、植被截留等部分水通量;蓝水流包括地表径流、壤中流(坡向流)、地下径流三部分(Schuol et al., 2008; Zang et al., 2012)。从全球水循环的角度来看,全球总降水的65%通过森林、草地、湿地、农田的蒸散发返回到大气中,成为绿水流;仅有35%的降水储存于河流、湖泊以及含水层中,成为蓝水流(Falkenmark, 1995; 程国栋和赵文智, 2006)。

深入认识人类、水资源和生态系统之间的联系,阐明蓝绿水动态变化对生态系统的影响,对人类社会的可持续发展有非常重要的意义(Falkenmark, 2003)。因此,研究蓝绿水和流域生态系统的联系是十分必要的(Jansson et al., 1999)。以前的研究大多集中在用水对人类福祉的影响(Gleick, 1998; Lannerstad, 2005),而很少考虑蓝绿水动态演变对人类社会的影响。现在人类对水的使用情况已经严重影响了人类和生态系统的可持续发展(Rockström et al., 1999)。这种背景下,探索水资源研究和管理的新思路、新方法与新概念,研究蓝绿水资源的动态变化就显得十分迫切。

绿水在全球生态系统和粮食生产中有着不可替代的作用。Liu 等(2009)通过估算发现全球约80%的粮食生产依赖于绿水。草地和森林生态系统的水源供给也主要来自绿水。蓝绿水概念的提出,使水循环与生态学过程紧密联系起来,体现了植被与水文过程相互影响的关系。在国际上,蓝绿水的概念体系和评价方法仍处于初期发展阶段,但蓝绿水评价已在水文水资源领域逐渐得到重视(Rockström et al., 2010)。斯德哥尔摩国际水研究所

（Stockholm International Water Institute，SIWI）、联合国粮食及农业组织（Food and Agriculture Organization of the United Nations，FAO）、国际水资源管理研究所（International Water Management Institute，IWMI）、国际农业发展基金（International Fund for Agricultural Development，IFAD）、全球水系统计划（Global Water System Project，GWSP）等国际机构和组织已经开始致力于绿水研究。有关绿水的评价主要集中在全球或区域尺度上，重点评价绿水资源及其时空分布（Falkenmark and Rockström，2006；Liu and Yang，2009，2010；Rost et al.，2008；Liu et al.，2013）。土地利用类型改变所导致的蓝绿水演变过程也成为研究热点（Jewitt et al.，2004；Gerten et al.，2005；Liu et al.，2009）。

目前，估算绿水资源量的方法基本可以分成以下三类：①利用主要生态系统生产单位干物质所需要的蒸散量乘以净初级生产力来评估绿水资源量。Postel 等（1996）采用净初级生产力数据，估算了各种全球雨养植被（天然森林、草地、人工林和雨养作物）蒸散量，并进一步获得各主要土地利用类型的蒸散量，称其为绿水资源。②采用水文或生态环境模型评估绿水流。Jewitt 等（2004）采用农业集水区研究单元（agricultural catchments research unit，ACRU）模型和水文土地利用变化（hydrological land use change，HYLUC）模型，估算了非洲南部 Mutale 流域九种土地利用情景下的蓝绿水资源量。Schuol 等（2008）采用 ArcSWAT 模型并结合 SWAT-CUP 不确定性分析算法估算了非洲大陆尺度蓝绿水资源量。Faramarzi 等（2009）在伊朗模拟了水库运行条件下蓝绿水资源量的月尺度变化，并考虑了不同灌溉措施对小麦产量的影响。Liu 等（2009）、Liu 和 Yang（2010）采用环境政策与气候综合（GIS-based Environmental Policy-Integrated Climate，GEPIC）模型，对全球农业生产所消耗的蓝绿水进行了高空间分辨率模拟，并评价了各种管理方式对蓝绿水消耗的影响。Rost 等（2008）将水文模型与生物地理学和生物地球化学模型相耦合，从而估算绿水流，并开发出全球植被动态模型（Lund-Potsdam-Jena managed Land，LPJmL）。王玉娟等（2009）对三门峡地区 20 世纪 50 年代以来的植被生态用水量进行了定量模拟，计算得出不同植被类型的绿水消耗量。Siebert 和 Döll（2010）采用全球作物需水模型（Global Crop Water Model，GCWM）对 1998 年、2002 年全球作物所需蓝水和绿水资源量进行了估算。吴洪涛等（2009）使用 AvSWAT 模型在碧流河流域估算了绿水资源量。③根据典型生态系统实际蒸散量及空间信息估算绿水资源量。Rockström 等（2010）采用林地、草地以及湿地中各生物群系的覆盖面积乘以蒸散量，采用水分利用效率与作物产量之积来估算绿水流。在以上三种方法中，模型评价的方法具有成本低、易于进行大尺度高空间分辨率研究、能进行情景分析等诸多优点而受到国际科学界越来越多的关注。

在国内，蓝绿水研究也得到科学界的重视。程国栋和赵文智（2006）详尽介绍了绿水的概念及其在陆地生态系统中的作用，并倡导我国科学家加强绿水相关研究。刘昌明和李云成（2006）基于绿水、蓝水及广义水资源的概念，阐明了绿水与生态系统用水、绿水与节水农业的关系。以上文献发表以后，绿水的概念逐步被国内学者所熟悉，绿水的评价方法和关键科学问题也逐步得到阐述（李小雁，2008；邱国玉，2008）。随后，我国学者也开始在蓝绿水评价方面进行了一些探索性的研究。Liu 和 Yang（2009）应用 GEPIC 模型，采用 0.5°的空间分辨率（每个栅格大约为 50km×50km），对全球农田生态系统的蓝绿水进行了评价，得出全球农田生态系统 80% 以上的水分消耗源于绿水的结论；在此基础上，Liu 和 Yang（2009）将中国农田的绿水流分解为生产性绿水（植被蒸腾）和非生产性绿水（土壤蒸发），研究表明农田生态系统中生产性绿水约占总绿水流的 2/3。吴洪涛等（2009）使用 SWAT 水文模型在碧流河上游地区评估了绿水的时空分布。Liu 等（2009）量化了中国北部老哈河流域由于土地利用及覆被变化所导致的蓝水流变化情况。吴锦奎等（2005）、程玉菲等（2007）、田辉等（2009）、金晓媚和梁继运（2009）、高洋洋和左其亭（2009）、Li 和 Zhao（2010）利用卫星遥感数据对黑河流域蒸散发的变化及其影响因素进行了研究，温志群等（2010）进行了典型植被类型下的绿水循环过程模拟。国内外蓝绿水评估主要集中在全球或区域尺度上，精度不高且难以直接应用于实际流域水资源管理。在流域尺度上，蓝绿水资源及用水模式的集成研究还很少见。而且，Liu 等（2009）、Liu 和 Yang（2009）研究发现人类活动（如灌溉）对蓝绿水演变过程存在很大的影响。

尽管学者们在蓝绿水演变与土地使用方面做过一些初步探索性研究（Gerten et al., 2005；Liu and Yang, 2009；赵微，2011），但在流域尺度上，综合考虑气候变化与人类活动双重影响下的蓝绿水演变机制尚不明确。总之，目前有关蓝绿水的研究无法在流域尺度上全面揭示气候-水文-生态-人类的相互关系，也缺乏充分应用蓝绿水概念进行流域水资源管理的科学依据。

2.2 水与生态系统模拟器

2.2.1 概述

WAYS 是基于过程和水量平衡的水文模型，该模型基于 Python 3.6 搭建，支持并行计算。WAYS 模型与 HBV（Hydrologiska Byrans Vattenbalansavdelning）模型类似，具有通量交换（flux exchange, FLEX）模型的特征（Fenicia et al., 2011；Gao et al., 2014a）。FLEX 模型已在流域尺度上得到广泛使用和验证，尤其是在模拟土壤含水量和根区蓄水能力（RZSC）方面取得了众多成果（Gao et al., 2014b；Nijzink et al., 2016；de Boer-Euser et al., 2016；Sriwongsitanon et al., 2016）。WAYS 模型将 FLEX 灵活的模型框架拓展到全球范围，实现了全球的分布式水文过程模拟。此外，WAYS 模型还增加了土壤蓄水能力计算模块和更多的土壤类型选择，增强了 WAYS 模型在全球范围内的适用性，提升了水和生态系统的模拟性能。

WAYS 属于分布式水文模型，可模拟以栅格为单位的日尺度水文过程，模型结构由 5 个概念水库组成：积雪库 $S_w(\text{mm})$，地表积雪总量；截留水库 $S_i(\text{mm})$，冠层截留总水量；根区土壤水库 $S_r(\text{mm})$，非饱和土壤层含水总量；快响应水库 $S_f(\text{mm})$ 和慢响应水库 $S_s(\text{mm})$。另外，模型中还嵌入了两个滞后函数来概括暴雨至洪峰的滞后时长和根区向地下水补给的滞后时长。除了满足水量平衡外，针对每个水库还设置了包含输入要素和输出要素的过程函数。图 2-1 展示了 WAYS 的垂向水量平衡，计算方程见表 2-1。图 2-1 中，流程图概化了模型模拟的水文循环过程，示意图则展示了相应的实际通量和存量。其中，中间变量仅在流程图中显示，如 R_f 是在划分地表径流和壤中流之前在根区层生成的优先径流；有效降水量 P_e 是融雪和降水的总和。模型模拟的水文循环可概述为以下过程，气温决定融雪能力；降雪储存在积雪库中，而降雨在经冠层截留后到达地面成为直接降水；由直接降水和融雪组成的有效降水部分渗入土壤，其余成为径流。径流分为地表径流和地下径流，部分渗透储存在土壤中供植物使用，其余渗透到深层土壤中补给地下水。原始通量交换模型（FLEX）共 28 个参数，考虑了流域内的 4 种土地利用类型（Gao et al.，2014a）。为了降低计算成本同时避免过度拟合问题，WAYS 模型部分校准参数直接选取经验值，如融雪率 F_{DD}、截留水库容量 $S_{i,\max}$、地下水补给系数 f_s、地下水补给最大值 $R_{s,\max}$。

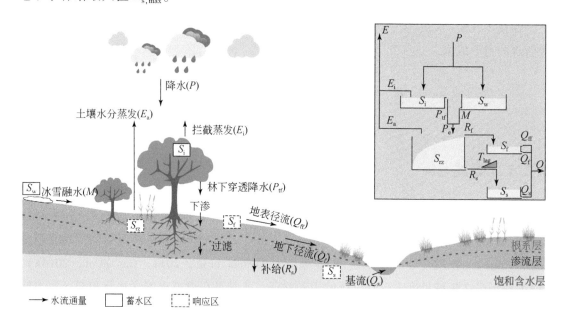

图 2-1 WAYS 模型结构

表 2-1 WAYS 模型中使用的水量平衡方程

概念水库	水平衡方程	公式编号	相关变量方程	公式编号及参考文献
截留水库	$\dfrac{\mathrm{d}s_i}{\mathrm{d}t}=P_r-E_i-P_{tf}$	(1)	$P_{tf}=\max(0,P_r-(S_{i,\max}-S_i))$	(2) —
			$E_i=E_p\left(\dfrac{S_i}{S_{i,\max}}\right)^{2/3}$	(3) Deardorff(1978)
			$S_{i,\max}=m_c L$	(4) Wang-Erlandsson 等(2014)
积雪库	$\dfrac{\mathrm{d}s_w}{\mathrm{d}t}=\begin{cases}-M, & T>T_t\\ P_s, & T\leq T_t\end{cases}$	(5)	$M=\begin{cases}\min(S_w,F_{DD}(T-T_t)), & T>T_t\\ 0, & T\leq T_t\end{cases}$	(6) Rango 和 Martinec(1995)
			$P_e=P_{tf}+M$	(7) —
根区土壤水库	$\dfrac{\mathrm{d}s_{rz}}{\mathrm{d}t}=P_e-R-E_a$	(8)	$\dfrac{R}{P_e}=1-\left[1-\dfrac{S_{rz}}{(1+\beta)S_{rz,\max}}\right]^{\beta}$	(9) Sriwongsitanon 等(2016)
			$E_a=(E_0-E_i)\times\min\left[1,\dfrac{S_{rz}}{C_e S_{rz,\max}(1+\beta)}\right]$	(10) Sriwongsitanon 等(2016)
慢响应水库	$\dfrac{\mathrm{d}s_s}{\mathrm{d}t}=R_s-Q_s$	(11)	$R_s=\min(f_s R,R_{s,\max})$	(12) Döll 和 Fiedler(2008)
			$Q_s=\dfrac{S_s}{K_s}$	(13) Döll 等(2003)
快响应水库	$\dfrac{\mathrm{d}s_f}{\mathrm{d}t}=R_f-Q_{ff}-Q_f$	(15)	$R_f=R-R_s$	(14) —
			$Q_{ff}=\max(0,S_f-S_{ftr})/K_{ff}$	(16) —
			$Q_f=\dfrac{S_f}{K_f}$	(17) —

注：所有与时间相关的参数都需要除以 Δt，使方程在维度上适用于其他时间尺度。公式编号栏中的"—"符号表示公式取自 FLEX 模型。

2.2.1.1 截留和融雪模块

在 WAYS 模型中，降水先被冠层拦截或成为积雪，后进入根区土壤水库。当气温高于阈值温度 T 时，发生拦截，部分降水进入截留水库，经冠层蒸散回到大气中[冠层平衡方程见表 2-1 中的式（1）]。降水量 P(mm/d) 为输入，穿透降水量 P_{tf}(mm/d) 和截留蒸发量 E_i(mm/d) 为输出。通过降雨量 P_r(mm/d) 与截留水库当前水量 S_i(mm) 和截留水库容量 $S_{i,\max}$(mm) 进行计算[表 2-1 中的式（2）]，即可计算出穿透降水量 P_{tf}。在 FLEX 模型中，假定截留蒸发量 E_i 为潜在蒸散发，截留能力为待校核参数。在 WAYS 模型中，截留蒸发量 E_i 由潜在蒸散发量 E_0(mm/d)、截留水库蓄水量 S_i(mm) 和截留水库最大蓄水量 $S_{i,\max}$(Deardorff, 1978) 计算得到[表 2-1 中的式（3）]。截留蒸发量 E_i 利用表 2-1 中的式（4）计算，其中 m_c 为 0.3mm，L 为叶面积指数，通过将土壤湿度代替修正物候模型中的原始水汽压应力函数，模拟计算截留蒸发量（Jolly et al., 2005；Wang-Erlandsson et al., 2014）。

积雪的模拟是基于一种广泛应用的度-日因子算法（Rango and Martinec, 1995；Comola et al., 2015；Bair et al., 2016；Krysanova and Hattermann, 2017）。积雪库水量平衡

如表 2-1 中的式（5）所示，平衡方程如表 2-1 中的式（6）所示。如气温在阈值温度 $T_\mathrm{t}(\text{℃})$ 以下，降水 $P(\text{mm/d})$ 以降雪 $P_\mathrm{s}(\text{mm/d})$ 的形式进入积雪库的雪量 $S_\mathrm{w}(\text{mm})$ 中。如气温高于阈值温度 T_t，则假设气温每升高 1℃ 就有一定比例（即融雪率 F_DD）的积雪融化。阈值温度 T_t 和融雪率 F_DD 均为 FLEX 模型中的标定参数。根据 Müller 等（2014）的研究，T_t 设定为 0℃，F_DD 根据不同的地表覆被类型取 1.5~6mm/d。在 WAYS 中，融雪水量直接渗入土壤中，不流经截留水库。

2.2.1.2 根区模块

根区模块，即对根区土壤水（绿水）的模拟是 WAYS 模型的核心部分，它通过分配降水控制蒸散发和产流。与截留和降雪的计算类似，根区蓄水量 $S_\mathrm{rz}(\text{mm})$ 随时间 $t(\text{d})$ 变化。如表 2-1 中的式（8）所示，有效降水量 $P_\mathrm{e}(\text{mm/d})$ 为输入项，土壤蒸发量 $E_\mathrm{a}(\text{mm/d})$、径流量 $R(\text{mm/d})$ 为输出项。在 FLEX 模型中，产流量是通过广义新安江模型的 β 函数（Zhao，1992）计算的，β 函数是非饱和土壤相对湿度的函数。WAYS 模型使用与根区土壤需水量相关的改进版 β 函数（Sriwongsitanon et al.，2016）。根据根区蓄水量 S_rz，部分有效降水转化为径流，其余渗入土壤补充根区库容。径流系数由根区土壤相对含水量 $S_\mathrm{rz}/S_\mathrm{rz,max}$ 和像元空间异质性的形状参数 β 决定。WAYS 模型通过卫星检测的蒸散发和降水计算土壤缺水量（Wang-Erlandsson et al.，2016），在 FLEX 模型中作为校核参数。

土壤约束蒸发，也称为实际蒸散发，通过潜在蒸散发量计算：$E_0-E_\mathrm{i}(\text{mm/d})$、土壤相对含水量 $S_\mathrm{rz}/S_\mathrm{rz,max}$、形状参数 β 和尺度参数 C_e，表示蒸腾量在 $S_\mathrm{rz,max}$ 以上的部分不再受土壤供水量的限制。根区模块将径流和蒸散发联系在一起，并且对产流过程函数进行了改进，因此在 FLEX 模型中对实际蒸散发函数也进行了相应更新（Sriwongsitanon et al.，2016）。

2.2.1.3 慢响应水库模块

慢响应水库水量平衡方程的补给项 $S_\mathrm{s}(\text{mm})$ 为地下水补给量 $R_\mathrm{s}(\text{mm/d})$，排泄项基流 $Q_\mathrm{s}(\text{mm/d})$ 为流出水量［表 2-1 式（11）］。滞后函数［表 2-1 式（12）］中的地下水补给系数 f_s 将径流分为优先流和地下水补给量 R_s，其取值范围为 0~1。WAYS 模型中的地下水回灌量 R_s 受网格单元最大地下水补给量 $R_\mathrm{s,max}(\text{mm/d})$ 约束，由土壤性质确定，砂土、壤土和黏质土的 $R_\mathrm{s,max}$ 值分别为 7mm/d、4.5mm/d 和 0.5mm/d（Döll and Fiedler，2008）。而在 FLEX 模型中，地下水补给量的最大值没有约束。

FLEX 模型中，地下水补给因子 f_s 是校准参数，而在 WAYS 模型中，它受坡度、土壤性质、地质和冻土影响（Döll and Fiedler，2008）。Döll 和 Fiedler（2008）提供了所有相关参数值查询表，WAYS 模型将其中的地下水补给计算中的输入部分进行了更新（Hanasaki et al.，2018），如全球地形数据和土壤性质分布数据。慢响应水库的输出流量通过表 2-1

中的式（13）进行计算，其中全球基流系数设为100（Döll et al., 2003）。

2.2.1.4 快响应水库模块

优先流 R_f（mm/d）进入快响应水库 S_f（mm）后，分为地表径流 Q_{ff}（mm/d）和汇流 Q_f（mm/d）。快响应水库的水量平衡方程如表2-1中的式（15）所示。FLEX模型中通过表征降雨和优先流产流之间时间差的滞后函数将优先流 R_f 引入快响应水库；而在WAYS模型中，由于以日尺度为单位计算产流，假设优先流直接进入快响应水库，无时间上的延迟。

与慢响应水库类似，快响应水库也是线性响应水库，即蓄水量与出水量呈线性关系。当快响应水库水量超过阈值 S_{ftr} 时，产生 K_{ff} [表2-1中的式（16）]，激活地表径流模块。Q_f 根据快响应水库中现有水量，经 $1/K_f$ [表2-1中的式（17）]计算可得。

2.2.1.5 其他适配模块

为进行全球范围的降水径流过程模拟，除了上述模块，WAYS模型还进行了以下假设和改进。假设开放水面的实际蒸散发为潜在蒸散发量（PET），同时不考虑开放水体结冰。FLEX模型中潜在蒸散发量通过Hamon公式（Hamon, 1961）计算，但Hamon公式仅使用平均气温进行计算，在不同气候条件下的稳健性较差，在日尺度上的计算存在缺陷，因此推广至全球应用时在多气候特征的情景下进行计算时存在明显不足（Droogers and Allen, 2002；Bai et al., 2016）。而FAO 56的Penman-Monteith（PM）公式基于物理过程，是目前为止在气象数据满足需求时最可靠的潜在蒸散发估算方法（Chen et al., 2005；Kingston et al., 2009）。因此WAYS模型中使用PM公式（Allen et al., 1998）进行潜在蒸散发的估算。FLEX模型还考虑了地下水的毛细管上升过程，但由于缺乏全球范围内的相关数据，WAYS模型的此模块处于禁用状态。

2.2.2 模型设置

在1971~2010年的全球尺度上，以0.5°的空间分辨率，对模型性能进行了评估。基于Wang-Erlandsson等（2016）对全球根区蓄水能力的两种产品进行了两次模拟。1986~1995年作为校准期，2001~2010年作为验证期。

2.2.2.1 输入数据

（1）气象数据

模型采用全球土壤湿度项目（Global Soil Wetness Project 3, GSWP3）[①] 中的气象数据

---

① http://hydro.iis.u-tokyo.ac.jp/GSWP3/ [2017-09-22]。

集（Kim，2017），以 1979～2010 年为历史时期。GSWP3 数据集基于 20 世纪再分析项目（20th Century Reanalysis Project）（Compo et al.，2011），描述了 20 世纪全球气候的月尺度变化，其适用性已经得到多个水文模型验证（Veldkamp et al.，2017；Masaki et al.，2017；Liu et al.，2017；Tangdamrongsub et al.，2018）。本模型中使用的气象变量包括降水、最低气温、最高气温、相对湿度、地表入射长波辐射、地表入射短波辐射和 10m 风速。所有变量均为空间分辨率 0.5°的日数据。此外，根据 PM 公式，将 10m 风速换算为 2m 风速（Allen et al.，1998）。

（2）土地利用数据

本研究使用 2001 年空间分辨率为 0.5°的标准 MODIS 土地覆盖类型数据产品（MCD12Q1），数据源于国际地圈 - 生物圈计划（International Geosphere-Biosphere Programme，IGBP）土地覆盖类型分类（17 类），同时将其从 1984 年世界大地坐标系（WGS84）投影到地理坐标系（Friedl et al.，2010）。

（3）根区蓄水能力

根区蓄水能力是 WAYS 中的一个重要参数。本模型使用的全球根区蓄水能力数据基于地球观测，来自 Wang-Erlandsson 等（2016），假设植被优化其根区蓄水能力以度过关键干旱期，因此不会在其根上耗水过多。该方法利用降水观测数据和基于卫星的蒸发数据，确定全球尺度上的土壤缺水分布并克服了传统方法（如查表法、实地观测）的缺点，如数据稀缺、位置偏差和由于数据不确定性而引起的植被和土壤组合的误差（Feddes et al.，2001），且得到了充分论证（de Boer-Euser et al.，2019），可以提高流域和全球尺度的模拟性能（Gao et al.，2014b；Nijzink et al.，2016；Wang-Erlandsson et al.，2016）。此外，通过调查根区蓄水能力与气候变量、植被特征和集水特征等众多环境因素之间的关系，充分证明了其在模拟北方地区根区蓄水能力上表现良好（de Boer-Euser et al.，2019）。

Wang-Erlandsson 等（2016）采用了两种基于降水和蒸发数据的全球根区蓄水能力数据（$S_{R,CHIRPS-CSM}$ 和 $S_{R,CRU-SM}$），本模型对根区蓄水能力产品都进行了应用。$S_{R,CHIRPS-CSM}$ 覆盖了 50°N～50°S，基于美国地质勘探局气候灾害组红外降水站点数据（United States Geological Survey-Climate Hazards Group InfraRed Precipitation with Station data，USGS-CHIRPS）（Funk et al.，2014）和 3 个基于卫星遥感的全球尺度蒸发数据集的集合平均值：联邦科学与工业研究组织（Commonwealth Scientific and Industrial Research Organization，CSIRO）的 MODIS 反射比例蒸发蒸腾数据（CMRSET）（Guerschman et al.，2009），可操作的简化表面能量平衡数据（SSEBop）（Senay et al.，2013）和 MODIS 蒸散量数据（MOD16）（Mu et al.，2011）。由于 CMRSET 高估了高纬度地区蒸发量（Wang-Erlandsson et al.，2016），$S_{R,CRU-SM}$ 覆盖 80°N～56°S，采用英国气候研究中心单位时间序列 3.22 版本（Climatic Research Unit Time Series version 3.22）降水数据（Harris et al.，2014），SSEBop 和 MOD16 的集合平均

值。经 Wang-Erlandsson 等（2016）测试，不同重现期的土地覆盖类型对根区蓄水能力的影响采用 Gumbel 归一化处理后可以进一步提高模拟性能。本模型对根区蓄水能力进行了相应修正。两个全球根区蓄水能力数据如图 2-2 所示，其平均纬向根区蓄水能力如图 2-3 所示。由此可以发现，根区蓄水能力的模式和幅度相似，且在不同纬度上有较好的一致性，尤其是在靠近赤道的低纬度地区，波动高度一致。北半球中纬度地区差异较大，但误差仍小于 20%。

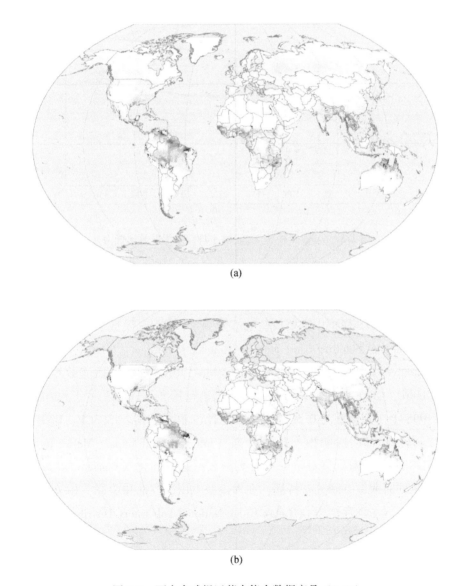

图 2-2　两个全球根区蓄水能力数据产品（0.5°）
（a）$S_{R,CRU-SM}$；（b）$S_{R,CHIRPS-CSM}$。资料来源于 Wang-Erlandsson 等（2016）。灰色区域表示无数据

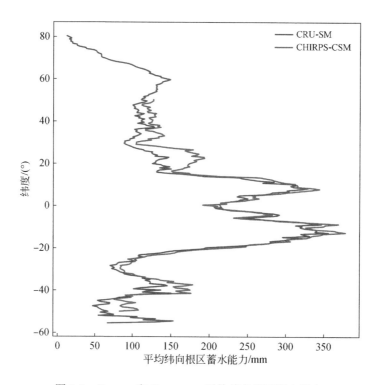

图 2-3 $S_{R,CRU-SM}$ 和 $S_{R,CHIRPS-CSM}$ 平均纬向根区蓄水能力

2.2.2.2 参数校准

表 2-2 罗列了 WAYS 模型中需要校验的部分参数。WAYS 模型采用国际卫星地表气候研究计划（International Satellite Land Surface Climatology Project，ISLSCP）、新罕布什尔大学倡议Ⅱ（Initiative Ⅱ University of New Hampshire，UNH）/全球径流数据中心（Global Runoff Data Centre，GRDC）中的综合月径流数据进行校准（Fekete et al.，2011），时间尺度为 1986~1995 年，分辨率为 0.5°，用于率定径流模拟数据。ISLSCP、UNH、GRDC 综合月径流数据包括跨部门影响模型比较计划（Inter-Sectoral Impact Model Intercomparison Project，ISIMIP2a）标准数据集对站点径流实测数据进行同化（Warszawski et al.，2014），满足水量平衡的同时兼顾空间分布特征，在本模型中用于校准和验证。相关数据可从橡树岭国家实验室分布式主动存档中心（Oak Ridge National Laboratory Distributed Active Archive Center，ORNL DAAC）下载①。

---

① https：//daac. ornl. gov/cgi-bin/dsviewer. pl？ ds_id=994［2017-11-01］.

表 2-2 WAYS 模型的参数范围

参数	范围	参考文献
$S_{i,max}$	分散的	Wang-Erlandsson 等（2014）
$S_{rz,max}$	分散的	Wang-Erlandsson 等（2016）
$R_{s,max}$	7/4.5/2/5（砂土/壤土/黏土）	Döll 和 Fiedler（2008）
K_s	100	Döll 等（2003）
f_s	分散的	Döll 和 Fiedler（2008）
F_{DD}	分散的	Müller 等（2014）
T_t	0	Müller 等（2014）
β	(0, 2)	
C_e	(0.1, 0.9)	
K_f	(1, 40)	
K_{ff}	(1, 9)	
S_{ftr}	(10, 200)	
T_{lag}	(0, 5)	

2.2.2.3 验证数据

本模型使用 ERA-Interim/Land 和归一化红外指数（normalized difference infrared index，NDII）数据分别验证径流模拟和根区蓄水能力模拟。考虑到两个数据集的覆盖时间（ERA-Interim/Land 为 1979～2010 年，NDII 为 2000～2009 年）和本模拟研究时间（1971～2010 年）的差异，选择 2001～2010 年作为验证期。ISIMIP2a 数据与本研究数据在相同的气候模式下产生，因此使用 ISIMIP2a 对 WAYS 模拟径流的性能进行评估。

（1）ERA-Interim/Land 径流数据

ERA-Interim/Land 是由欧洲中期天气预报中心（European Centre for Medium-Range Weather Forecasts，ECMWF）推出的全球陆地表面再分析数据集（Balsamo et al., 2015），与地面和遥感观测值有较好的一致性，已被用作许多研究的参考数据（Xia et al., 2014；Dorigo et al., 2017）。径流数据是 ERA-Interim/Land 再分析数据集中的变量之一，与 GRDC 数据集相吻合，并且与用作参考数据集之一的 ERA-Interim 径流再分析数据相比有很大改进（Wang-Erlandsson et al., 2014；Balsamo et al., 2015），被广泛用作基准数据（Alfieri et al., 2013；Orth and Seneviratne, 2015；Reichle et al., 2017）。当前版本的 WAYS 模型不包括全球尺度的汇流模块，模拟结果与站点观测值不具有可比性，因此选择 ERA-Interim/Land 的网格数据集进行模型评估。本模型中使用的 ERA-Interim/Land 日径流数据下载自

ECMWF，空间分辨率为 0.5°，时间尺度为 2001～2010 年①。

其他再分析径流数据，如 ERA-Interim、全球陆地数据同化系统（global land data assimilations system，GLDAS）和美国国家环境预报中心（National Centers for Environmental Prediction，NCEP），表现出低稳健性，如 GLDAS v1.0-CLM 高估了全球流量；GLDAS v1.0-Noah 在北部中高纬度地区高估了地表径流（Lv et al.，2018）；GLDAS v2.0-Noah 低估了外流流域径流量（Wang et al.，2016）；GLDAS v2.1-Noah 高估了 6 月、7 月融雪径流峰值（Lv et al.，2018）；NCEP 高估了密西西比河流域的冬季径流，低估了夏季径流（Roads and Betts，2000）；ERA-Interim 与实测径流误差较 ERA-Interim/Land 更大（Balsamo et al.，2015）。

（2）NDII 数据

NDII 由 Hardisky 等开发于 1983 年，是基于计算近红外光谱（near infrared spectrum，NIR）和短波红外区（short wave infrared region，SWIR）之间不同值的比率进行的卫星图像分析。已有研究发现，NDII 与植被含水量和冠层水厚度有显著相关性（Serrano et al.，2000；Jackson et al.，2004；Hunt and Yilmaz，2007；Wilson and Norman，2018）。它利用短波红外反射特性有效地确定植物的胁迫情况，这是因为叶片吸收了大量短波红外辐射，而短波红外反射值与叶片含水量呈负相关（Steele-Dunne et al.，2012；Friesen et al.，2012；van Emmerik et al.，2015）。最近，Sriwongsitanon 等（2016）发现 NDII 和根区蓄水之间可能存在相关性。尽管 NDII 在湿度胁迫期间可以更好地反映根区蓄水能力的动态，NDII 和根区蓄水能力之间的良好对应关系表明 NDII 具有作为根区蓄水能力代理变量的潜力。因此，在本书中，用 NDII 作为基准来评估模型在根区蓄水能力模拟中的性能。通过式(2-1)（Hardisky et al.，1983）可计算 NDII：

$$\text{NDII} = \frac{\rho_{0.85} - \rho_{1.65}}{\rho_{0.85} + \rho_{1.65}} \tag{2-1}$$

式中，$\rho_{0.85}$ 是 0.85μm 波长的反射率；$\rho_{1.65}$ 是 1.65μm 波长的反射率。NDII 为归一化红外指数，取值区间为（-1，1），低值表明冠层胁迫高，根区蓄水能力较低（Sriwongsitanon et al.，2016）。

本书中，NDII 通过 MODIS-3 层地表反射率产品（MOD09A1）（Vermote，2015）计算，该产品提供了 Terra MODIS 1～7 波段地表反射率的估值。MOD09A1 覆盖自 2000 年 2 月 24 日至今的八日全球数据，空间分辨率为 500m，每个栅格包括在高覆盖观测、低视角、无云或云度、气溶胶载荷下采集的八日合成值。本书使用 GEE（Google Earth Engine）进行卫星图像处理和 NDII 计算②。除去丢失的部分 MOD09A1 图像，验证期（2001～2010 年）总共生

---

① http://apps.ecmwf.int/datasets/[2017-12-22].
② http://earthengine.google.com[2018-03-02].

成了 452 个 NDII 栅格。

2.2.2.4 校准策略

本书采用全局参数优化法中的动态维度搜索（dynamically dimensioned search，DDS）作为模型参数校准的方法（Tolson and Shoemaker，2007）。DDS 专为计算成本高的优化问题而设计，并已用于与全球和区域尺度的分布式水文模型校准相关的诸多研究（Moore et al.，2010；Kumar et al.，2013；Rakovec et al.，2016；Nijzink et al.，2018；Smith et al.，2018）。由于参考数据差异，如 ISLSCP、UNH、GRDC 数据为月尺度数据，WAYS 在校准期间（1986~1995 年）模拟的径流也平均到月尺度以保持一致性。校验标准采用纳什效率系数（Nash-Sutcliffe efficiency coefficient，NSE）。DDS 优化算法对每个网格单元迭代 2000 次以进行参数估计，这与 DDS（Tolson and Shoemaker，2007）所建议的一致。

2.3 全球蓝绿水资源评价

利用 WAYS 对全球十个主要流域的径流（蓝水）和根区蓄水能力（绿水）进行模拟。

2.3.1 径流评估

将 WAYS 模拟的径流值与 ERA-Interim/Land 径流及 ISIMIP2a 中的多模式全球径流模拟进行比较。ISIMIP 支持全球和区域尺度的模式比对研究，而 ISIMIP2a 侧重历史时期数据，所有模式均由目前最先进的 4 个气候模式因子驱动（Warszawski et al.，2014）。ISIMIP2a 模拟已在许多研究中得到广泛讨论（Schewe et al.，2014；Müller et al.，2016a，2016b；Gernaat et al.，2017；Zaherpour et al.，2018），由于 WAYS 与 ISIMIP2a 使用相同的驱动数据，对 WAYS 和 ISIMIP2a 模型进行了比较，以进一步评估 WAYS 模型的可靠性。为保持气候模式一致，仅使用 ISWP3 驱动下的模型模拟结果进行比较。即使 WAYS 模型模拟了日尺度的径流，但由于部分 ISIMIP2a 模型只有月径流数据可用（Warszawski et al.，2014），因此仅对比月尺度模拟结果。

图 2-4 展示了来自参考数据和不同模型模拟的径流时间序列。图例中 WAYS_CRU 表示使用 $S_{R,CRU-SM}$ 产品中的根区蓄水能力模拟的径流，WAYS_CHIRPS 表示使用 $S_{R,CHIRPS-CSM}$ 产品驱动模拟的径流。可以发现，两种不同根区蓄水能力产品使用 WAYS 模拟后，在所有选定的流域中都表现出高度一致性。这一结果与对根区蓄水能力数据集的调查一致，两种产品的数据集具有很高的一致性，甚至表明根区蓄水能力本身在纬度上表现出很高的变异性（图 2-3）。该结果证实了 WAYS 模型使用根区蓄水能力产品在径流模拟中具有很强的稳健

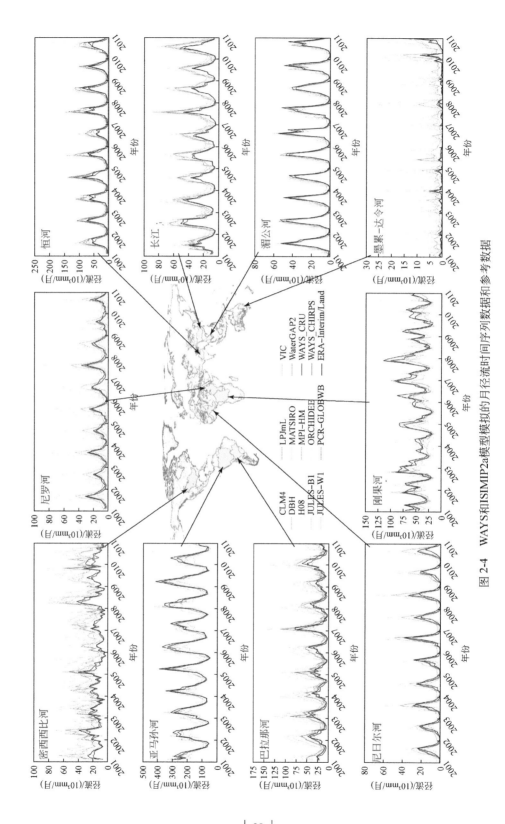

图 2-4 WAYS和ISIMIP2a模型模拟的月径流时间序列数据和参考数据

性。结果显示 WAYS 模拟与参考数据（即所选流域中的 ERA-Interim/Land）之间具有良好的一致性，而 ISIMIP2a 模型在模拟径流中表现出明显差异。例如，ISIMIP2a 模型在某些流域中，如密西西比河、恒河、长江、巴拉那河和墨累-达令河，显示出明显的高估，径流集合的扩散也很大。原因在于部分 ISIMIP2a 模型没有校准（Zaherpour et al.，2018），而 WAYS 模型模拟的径流量被校准到月径流（Fekete et al.，2011）。

在湄公河流域，所有模型的模拟结果都呈现出高度一致性，且分布集中。原因可能在于湄公河流域雨季降水受热带季风的影响，在时间和雨量上分布较为集中，可预测性较强（Adamson et al.，2009）。WAYS 在流域的最北端的密西西比州和最南端的墨累-达令地区的表现优于其他模型。在墨累-达令河流域的模拟效果尤为突出，由于该地区有强烈的人类活动影响，部分月径流量极低（Cai and Cowan，2008；Potter and Chiew，2011），其他模型很难捕捉到其变化特征（图 2-4）。相比之下，ISIMIP2a 模型在径流模拟中显示出极大的差异，具有很大的不确定性。WAYS 在两个非洲流域，即尼罗河和尼日尔河的径流模拟结果偏高。原因在于气候模式 GWSP3 中的降水偏高（Müller et al.，2016a，2016b）。在这两个区域，ISIMIP2a 也同样高估了径流量。相比之下，在另一个非洲流域——刚果河，WAYS 的径流模拟结果偏低。原因可能在于降水和陆面水文过程的复杂性（Tshimanga and Hughes，2014），为降水径流过程模拟增加了不确定性（Wang-Erlandsson et al.，2014）。但 WAYS 模型仍可以较为准确地模拟该流域月径流的变化特征。

为评估 WAYS 模型对径流序列概率分布特征的模拟性能，对超越概率进行了对比，结果如图 2-5 所示。超越概率可以揭示模型模拟不同量级径流的性能。通过目视对比发现 WAYS 模型很好地再现了径流的概率分布，与 ERA-Interim/Land 的径流数据匹配度较高，尤其是在刚果、巴拉那和密西西比流域，但 ISIMIP2a 模型模拟的径流分布呈现偏差，与 ERA-Interim/Land 径流分布差异较大。在部分流域，如尼罗河、恒河、巴拉那河和密西西比河，ISIMIP2a 的模拟结果甚至显示较大偏移，表示该模型对月径流在不同量级上的特征捕捉能力有所欠缺。在尼罗河和尼日尔河流域，WAYS 模型模拟结果呈现轻微偏移，但仍处于可接受范围内。其他对比结果表明，WAYS 模型在模拟河流上游径流过程中存在较大不确定性，说明 WAYS 模型模拟在高值部分的偏差较中低值偏差更大。而 ISIMIP2a 模型同样存在这样的偏差，甚至更大。

研究还选择了 3 项常用指标，对 WAYS 模型进行进一步评估，即 NSE、均方根误差（root-mean-square error，RMSE）和百分比偏差（PBIAS）。WAYS 和 ISIMIP2a 模拟的月径流时间序列对比如图 2-6 所示。将 NSE 值转换为 1-NSE 值，因此，越接近 0 表明误差越小，模拟效果越好。通过对比 3 项指标发现，WAYS 模型整体表现优于 ISIMIP2a。对比 1-NSE 表明，除尼日尔和尼罗河流域外，在其他流域上，WAYS 模型表现均远远优于 ISIMIP2a 模型［图 2-6（a）］。在 14 个模式模拟中，WAYS_CRU 和 WAYS_CHIRPS 的表现

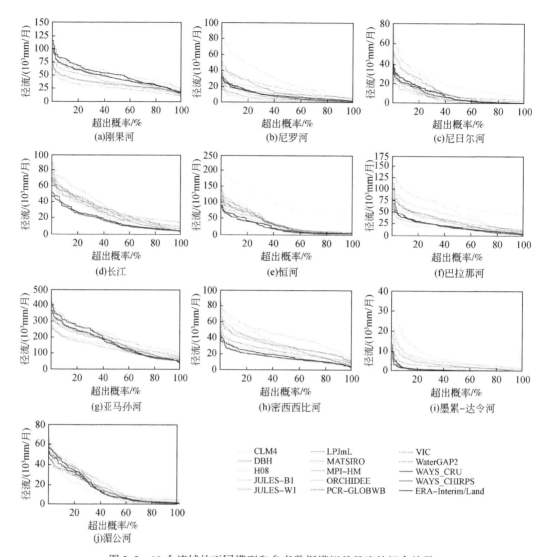

图 2-5 10 个流域的不同模型和参考数据模拟月径流的拟合效果

均处于前 5 名。在 6 个流域中，WAYS_CRU 和 WAYS_CHIRPS 的 1-NSE 指标均小于 0.3，也就是 NSE>0.7。在长江、亚马孙河和湄公河流域，WAYS 模型表现最佳。在尼日尔河和尼罗河流域，WAYS 模型的表现则相对较差，原因在于在中高值上的模拟结果偏高（图 2-5）。RMSE 的结果与 1-NSE 类似，均表明 WAYS 模型总体上表现更好 [图 2-6（b）]。在亚马孙河流域，由于月均径流量较大，所有模型结果的 RMSE 均较大。对比相对误差发现，WAYS 模型除在墨累-达令河流域表现一般外，在其他大部分流域表现良好。在墨累-达令河流域，PBIAS 值接近 100%，原因在于月均径流量较低，数值的微小差异导致 PBIAS 较大，但与其他模型结果对比，仍在可接受的不确定范围内 [图 2-6（c）]。

结合时间序列分析、水文研究中最常用的度量检验和超越概率评估结果，对 WAYS 模

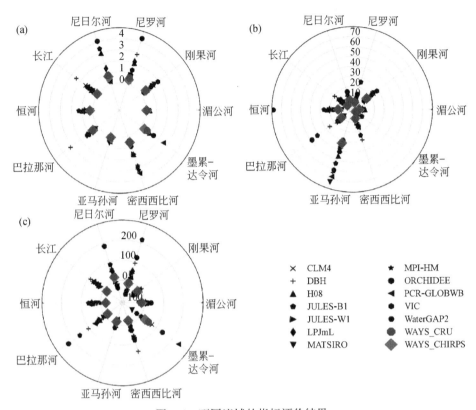

图 2-6 不同流域的指标评价结果

(a) 1-NSE；(b) RMSE；(c) PBIAS。彩色标记表示具有两种 WAYS 模型的评价结果，
黑色标记表示 ISIMIP2a 模型的结果。所有指标均以 0 为基准

型在径流模拟方面的表现进行综合评估。在所有试验中，WAYS 模型整体表现较好，在全球范围内适应性较高。尽管在非洲部分流域存在较大偏差，但仍然在可接受的不确定范围内，且部分源于气象资料的不确定性（Müller et al.，2016a，2016b）。此外，WAYS 模型在全球范围内流域间径流模拟上呈现出较大差异。有研究表明这种差异可能由模型结构的不确定性导致（Haddeland et al.，2011；Gudmundsson et al.，2012），包括缺乏物理过程表征、传输损失等（Gosling and Arnell，2011）。

2.3.2 根区蓄水能力评估

利用 WAYS 模型对全球 10 个主要流域的根区蓄水能力进行模拟评价。由于 NDII 是基于八日数据计算的归一化指数，首先对 WAYS 模型输出的根区蓄水能力取八日平均，再进行归一化处理。由此 NDII 缺少前几日数据，选择对应日期的根区蓄水能力进行评估，以保持一致性。

将八日平均 NDII 与 WAYS 模型的八日平均根区蓄水能力进行比较，结果如图 2-7 所示，

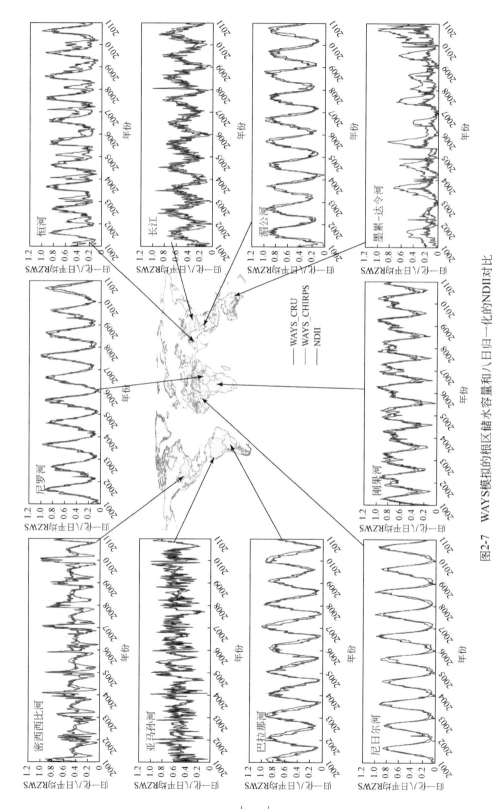

图2-7 WAYS模拟的根区储水容量和八日归一化的NDII对比

NDII 时间序列和 WAYS 模型中根区蓄水能力的相关性见表 2-3。没有将 GEPIC-hydro 中的根区蓄水能力与其他模型进行比较是因为其他全球水文模型中并未输出根区蓄水能力。在 ISIMIP2a 中，部分模型输出了特定深度的根区蓄水能力，但与根区蓄水能力的本质不同，因此不做对比。

表 2-3　全球十大流域 WAYS 模拟根区蓄水能力与 NDII 时间序列的相关性

流域	WAYS_CRU	WAYS_CHIRPS
刚果河	0.872	0.871
尼罗河	0.951	0.967
尼日尔河	0.975	0.975
扬子江	0.713	0.764
恒河	0.803	0.817
巴拉那河	0.931	0.934
亚马孙河	0.593	0.552
密西西比河	0.689	0.677
墨累-达令河	0.614	0.636
湄公河	0.936	0.938

在不同流域，NDII 呈现完全不同的分布。在尼罗河、湄公河和尼日尔河流域 NDII 有明显的季节性；在恒河和刚果河流域呈现"驼峰"状分布；在密西西比河、墨累-达令河和亚马孙河流域则呈现出相对复杂的分布。在大部分流域中，WAYS 模拟的根区蓄水能力在时间序列中与 NDII 显示出良好的一致性，同时存在较强的相关性，其中有 7 个流域的相关系数高于 0.7，尤其是在尼罗河、尼日尔河、巴拉那河和湄公河，相关系数高于 0.9，说明 NDII 可有效反映根区蓄水能力的动态变化（Sriwongsitanon et al., 2016），WAYS 在这些流域的根区模型性能较好。两种不同根区蓄水产品模拟的根区蓄水能力呈现细微差异，但在时间序列上有相似表现，尤其在长江流域，两种产品的平均值差异较大（$S_{R,CRU-SM}$ 为 135mm，$S_{R,CHIRPS-CSM}$ 为 163mm）。在恒河和刚果河流域，NDII 时间序列显示双峰结构，在某些年份存在低估，但 WAYS 模型仍然可以捕捉到这一结构，两个流域的相关系数均大于 0.8。在长江流域，2008 年 8 月 25 日 NDII 值突然升高，通过调查前后的 NDII 和降水量发现多重气象因素是此异常值的原因，包括云量、阴影、视角、气溶胶等（Vermote，2015）。

然而，在部分流域中也发现 NDII 和模拟的根区蓄水能力之间存在相对较大的差异。在密西西比河流域，WAYS 模型在高值模拟中表现出良好的性能，而在低值上存在高估现象。因此，该流域的相关性也相对较低，约为 0.67。密西西比河流域是研究流域中最北端的集汇水区。与其他模型相比，NDII 显示出完全不同的模式，而 WAYS 模型模拟的根区蓄水能力不能呈现季节性，原因可能在于融雪模块在模拟寒区融雪过程时，考虑的因素较少，造成模拟结果的不确定性。此外，在高纬度地区，气候模式中的降水不确定性较高，这也是 NDII 和根区蓄水能力之间不匹配的原因之一（Vinukollu et al., 2011）。有研究表明，高寒流域降水可能引起虚假季节性和年际变化（Yang et al., 2015）。相比之下，WAYS 模型在墨累-达令河流域显示低估趋势，原因可能在于广泛分布的深根植物对地下水的消耗较大（Runyan and D'Odorico, 2010; Lamontagne et al., 2014）。因此，在该地区 NDII 可能不是正确代理变量。从饱和区到根区抽取的大量地下水可以解释对根区蓄水能力的这种低估（Leblanc et al., 2011）。密集的人类活动，如大坝建设、引水系统和河流管理等也是根区蓄水能力低估的原因（Reid et al., 2002）。在亚马孙河流域，WAYS 模型只能捕捉少数低值，难以描述 NDII 的复杂动态，导致其相关性在十大流域中最低（0.593 和 0.552）。主要原因可能是在相对潮湿地区，NDII 对根区蓄水能力的代表性较差（Sriwongsitanon et al., 2016）。在十大流域中，亚马孙河流域年平均降水量最高（验证期 2201mm/a）。因此，WAYS 模型在此类区域的根区蓄水能力模拟结果不合理。

总体上，模型在十大流域上的验证结果普遍良好，表明 WAYS 模型在根区蓄水能力模拟中的表现较好，尤其是年际变率。但在部分地区，如北半球高纬度流域以及降水多的地区，NDII 不能准确反映根区蓄水能力动态（Sriwongsitanon et al., 2016）。

2.3.3 蒸散发评估

根区蓄水能力表示植物可用水量，与总蒸散发量密切相关。研究将使用 FLUXNET2015 数据对 WAYS 的蒸散发模拟性能进行评估。FLUXNET2015 是全球微气象通量测量站点网络，用于测量生物圈和大气圈之间的二氧化碳、水蒸气和能量的交换（Pastorello et al., 2017）。使用热量和蒸散量的比例参数将通量塔潜热通量（LF，W/m²）转换为 ET（mm/d）（Velpuri et al., 2013），计算公式如下：

$$ET = \frac{LF}{\lambda} \tag{2-2}$$

式中，λ 为水汽潜热（2.45MJ/kg）。根据 1971~2010 年的历史记录，共选择了 108 个站点进行比较。比较前先将通量塔潜热转化为蒸散量，然后计算模拟月蒸发与对应 FLUXNET2015 蒸发的相关系数。

结果如图 2-8 所示。基础数据是 1971~2010 年 WAYS 模型的年平均蒸发量。图 2-8 中散点表示通量塔和 WAYS 模型模拟之间的比较结果。点的位置表示通量塔的位置，填色表示相关系数值。WAYS 模型在中国、美国和欧洲的表现优于非洲和澳大利亚，美国和欧洲仅在边界附近的少数站点模拟和通量塔实测数据之间相关性较弱。

图 2-9 展示了相关系数在不同区间内数据点的比例。由图 2-9 可以看出，相关系数主

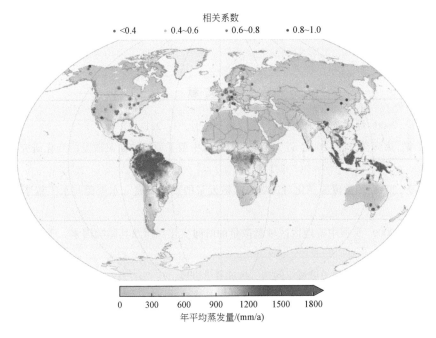

图 2-8　FLUXNET 数据和 WAYS 模型模拟（WAYS_CRU）的年平均蒸发量相关性

要集中在 0.6~0.8，51.9% 的站点相关系数高于 0.6。模型在部分地区表现相对较差可能有以下原因：FLUXNET2015 是基于站点的观测数据，而 WAYS 模型模拟使用 0.5° 的分辨率计算网格单元上的蒸发。为方便比较，根据通量塔与像素中心的距离选择对应像素点的模型仿真对比。但模型实际是 0.5° 栅格上的平均蒸发量。当与站点实测数据进行比较时，平均化必然引入误差。在将 FLUXNET2015 数据与模式模拟或遥感反演的蒸发量进行比较的其他研究中也存在同样的误差（Velpuri et al.，2013；Lorenz et al.，2014）。

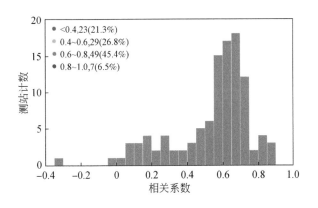

图 2-9　不同区间内数据点相关系数

将通量塔的月平均蒸散量与 FLUXNET2015 进行比较,结果如图 2-9 所示。目视检查发现模型模拟与通量塔数据之间的良好相关性。结果表明 WAYS 模型在月蒸发模拟中的总体表现良好。

参 考 文 献

程国栋,赵文智.2006.绿水及其研究进展.地球科学进展,3:221-227.

程玉菲,王根绪,席海洋,等.2007.近35a来黑河干流中游平原区陆面蒸散发的变化研究.冰川冻土,29:406-413.

高洋洋,左其亭.2009.植被覆盖变化对流域总蒸散发量的影响研究.水资源与水工程学报,20(2):26-31.

金晓媚,梁继运.2009.黑河中游地区区域蒸散量的时间变化规律及其影响因素.干旱区资源与环境,23:88-93.

李小雁.2008.流域绿水研究的关键科学问题.地球科学进展,7:707-712.

刘昌明,李云成.2006."绿水"与节水:中国水资源内涵问题讨论.科学对社会的影响,(1)16-20.

邱国玉.2008.陆地生态系统中的绿水资源及其评价方法.地球科学进展,7:713-722.

田辉,文军,马耀明,等.2009.夏季黑河流域蒸散发量卫星遥感估算研究.水科学进展,20:18-24.

王玉娟,杨胜天,刘昌明,等.2009.植被生态用水结构及绿水资源消耗效用——以黄河三门峡地区为例.地理研究,28(1):74-84.

温志群,杨胜天,宋文龙,等.2010.典型喀斯特植被类型条件下绿水循环过程数值模拟.地理研究,29:1841-1852.

吴洪涛,武春友,郝芳华,等.2009.绿水的多角度评估及其在碧流河上游地区的应用.资源科学,3:420-428.

吴锦奎,丁永建,沈永平.2005.黑河中游地区湿草地蒸散量试验研究.冰川冻土,27:582-591.

赵微.2011.土地整理对区域蓝绿水资源配置的影响.中国人口·资源与环境,21:44-49.

Adamson P T, Rutherfurd I D, Peel M C, et al. 2009. The Hydrology of the Mekong River, chap. 4//The Mekong. Campbell I C. Aquatic Ecology. San Diego: Academic Press: 53-76.

Albergel C, Dutra E, Munier S, et al. 2018. ERA-5 and ERA-Interim driven ISBA land surface model simulations: which one performs better? Hydrology and Earth System Sciences, 22: 3515-3532.

Alfieri L, Burek P, Dutra E, et al. 2013. GloFAS-global ensemble streamflow forecasting and flood early warning. Hydrology and Earth System Sciences, 17: 1161-1175.

Allen R G, Pereira L S, Raes D, et al. 1998. Crop Evapotranspiration-Guidelines for Computing Crop Water Requirements. FAO Irrigation and Drainage Paper 56, FAO, Rome, 300: D05109.

Bai P, Liu X, Yang T, et al. 2016. Assessment of the influences of different potential evapotranspiration inputs on the performance of monthly hydrological models under different climatic conditions. Journal of Hydrometeorology, 17: 2259-2274.

Bair E H, Rittger K, Davis R E, et al. 2016. Validating reconstruction of snow water equivalent in California's

Sierra Nevada using measurements from the NASA Airborne Snow Observatory. Water Resources Research, 52: 8437-8460.

Baldwin D, Manfreda S, Keller K, et al. 2017. Predicting root zone soil moisture with soil properties and satellite near-surface moisture data across the conterminous United States. Journal of Hydrology, 546: 393-404.

Balsamo G, Albergel C, Beljaars A, et al. 2015. ERAInterim/Land: a global land surface reanalysis data set. Hydrology and Earth System Sciences, 19: 389-407.

Berg A, Sheffield J, Milly P C D. 2017. Divergent surface and total soil moisture projections under global warming. Geophysical Research Letters, 44: 236-244.

Bierkens M F P. 2015. Global hydrology 2015: state, trends, and directions. Water Resources Research, 51: 4923-4947.

Cai W, Cowan T. 2008. Evidence of impacts from rising temperature on inflows to the Murray-Darling Basin. Geophysical Research Letters, 35: L07701.

Chen D, Gao G, Xu C Y, et al. 2005. Comparison of the Thornthwaite method and pan data with the standard Penman-Monteith estimates of reference evapotranspiration in China. Climate Research, 28: 123-132.

Cleverly J, Eamus D, Coupe N R, et al. 2016. Soil moisture controls on phenology and productivity in a semi-arid critical zone. Science of The Total Environment, 568: 1227-1237.

Colliander A, Jackson T J, Bindlish R, et al. 2017. Validation of SMAP surface soil moisture products with core validation sites. Remote Sensing of Environment, 191: 215-231.

Comola F, Schaefli B, Ronco P D, et al. 2015. Scale-dependent effects of solar radiation patterns on the snow-dominated hydrologic response. Geophysical Research Letters, 42: 3895-3902.

Compo G P, Whitaker J S, Sardeshmukh P D, et al. 2011. The twentieth century reanalysis project. Quarterly Journal of the Royal Meteorological Society, 137: 1-28.

de Boer-Euser T, McMillan H K, Hrachowitz M, et al. 2016. Influence of soil and climate on root zone storage capacity. Water Resources Research, 52: 2009-2024.

de Boer-Euser T, Meriö L J, Marttila H. 2019. Understanding variability in root zone storage capacity in boreal regions. Hydrology and Earth System Sciences, 23: 125-138.

de Graaf I E M, Sutanudjaja E H, van Beek L P H, et al. 2015. A high-resolution global-scale groundwater model. Hydrology and Earth System Sciences, 19: 823-837.

Deardorff J W. 1978. Efficient prediction of ground surface temperature and moisture, with inclusion of a layer of vegetation. Journal of Geophysical Research: Oceans, 83: 1889-1903.

Devia G K, Ganasri B P, Dwarakish G S. 2015. A review on hydrological Models. Aquatic Procedia, 4: 1001-1007.

Dorigo W, Wagner W, Albergel C, et al. 2017. ESA CCI Soil Moisture for improved Earth system understanding: state-of-the art and future directions. Remote Sensing of Environment, 203: 185-215.

Droogers P, Allen R G. 2002. Estimating reference evapotranspiration under inaccurate data conditions. Irrigation and Drainage Systems, 16: 33-45.

Dumedah G, Walker J P, Merlin O. 2015. Root-zone soil moisture estimation from assimilation of downscaled Soil Moisture and Ocean Salinity data. Advances in Water Resources, 84: 14-22.

Döll P, Fiedler K. 2008. Global-scale modeling of groundwater recharge. Hydrology and Earth System Sciences, 12: 863-885.

Döll P, Hoffmann-Dobrev H, Portmann F T, et al. 2012. Impact of water withdrawals from groundwater and surface water on continental water storage variations. Journal of Geodynamics, 59-60: 143-156.

Döll P, Kaspar F, Lehner B. 2003. A global hydrological model for deriving water availability indicators: model tuning and validation. Journal of Hydrology, 270: 105-134.

Döll P, Müller S H, Schuh C, et al. 2014. Global-scale assessment of groundwater depletion and related groundwater abstractions: combining hydrological modeling with information from well observations and GRACE satellites. Water Resources Research, 50: 5698-5720.

Entekhabi D, Njoku E G, O'Neill P E, et al. 2010. The soil moisture active passive (SMAP) mission. Proceedings of the IEEE, 98: 704-716.

Falkenmark M, Rockström J. 2006. The new blue and green water paradigm: breaking new ground for water resources planning and management. Journal of Water Resources Planning and Management, 132: 129-132.

Falkenmark M. 1995. Coping with water scarcity under rapid population growth. Conference of SADC Minister, Pretoria, November 23-24.

Falkenmark M. 2003. Freshwater as shared between society and ecosystems: from divided approaches to integrated challenges. Philosophical Transaction, 358: 2037-2049.

Fan Y, Miguez-Macho G, Jobbágy E G, et al. 2017. Hydrologic regulation of plant rooting depth. PANS, 114: 10572-10577.

Faramarzi M, Abbaspour K C, Schulin R, et al. 2009. Modelling blue and green water resources availability in Iran. Hyrological Processes, 23: 486-501.

Faridani F, Farid A, Ansari H, et al. 2017. Estimation of the root-zone soil moisture using passive microwave remote sensing and SMAR model. Journal of Irrigation and Drainage Engineering, 143: 04016070.

Feddes R A, Hoff H, Bruen M, et al. 2001. Modeling root water uptake in hydrological and climate models. Bulletin of the American Meteorological Society, 82: 2797-2810.

Fekete B M, Vörösmarty C J, Hall F G, et al. 2011. ISLSCP II UNH/GRDC Composite Monthly Runoff. ORNL DAAC, Oak Ridge, Tennessee, USA. https://doi.org/10.3334/ORNLDAAC/994 [2017-11-01].

Fekete B M, Vorosmarty C J, Hall F G, et al. 2017. ISLSCP II UNH/GRDC Composite Monthly Runoff. https://daac.ornl.gov/cgi-bin/dsviewer.pl?ds_id=994 [2017-11-01].

Fenicia F, Kavetski D, Savenije H H G. 2011. Elements of a flexible approach for conceptual hydrological modeling: 1. Motivation and theoretical development. Water Resources Research, 47: W11510.

Friedl M A, Sulla-Menashe D, Tan B, et al. 2010. MODIS Collection 5 global land cover: algorithm refinements and characterization of new datasets. Remote Sensing of Environment, 114: 168-182.

Friesen J, Steele-Dunne S C, van de Giesen N. 2012. Diurnal differences in global ERS scatterometer backscatter observations of the land surface. IEEE Transactions on Geoscience and Remote Sensing, 50: 2595-2602.

Funk C C, Peterson P J, Landsfeld M F, et al. 2014. A quasi-global precipitation time series for drought monitoring. https://dx.doi.org/10.3133/ds832 [2017-11-01].

Gao H, Birkel C, Hrachowitz M, et al. 2019. A simple topography-driven and calibrationfree runoff generation module. Hydrology and Earth System Sciences, 23: 787-809.

Gao H, Hrachowitz M, Fenicia F, et al. 2014a. Testing the realism of a topography-driven model (FLEX-Topo) in the nested catchments of the Upper Heihe, China. Hydrology and Earth System Sciences, 18: 1895-1915.

Gao H, Hrachowitz M, Schymanski S J, et al. 2014b Climate controls how ecosystems size the root zone storage capacity at catchment scale. Geophysical Research Letters, 41: 7916-7923.

Gernaat D E, Bogaart P W, Vuuren D P, et al. 2017. High-resolution assessment of global technical and economic hydropower potential. Nature Energy, 2: 821-828.

Gerten D, Hoff H, Bondeau A. 2005. Contemporary green water flows: simulations with a dynamic global vegetation and water balance model. Physics and Chemistry of the Earth, 30: 334-338.

Gleick P H. 1998. A Look at twenty-first century water resources development. Water International, 25: 127-138.

González-Zamora, Á, Sánchez N, Martínez-Fernández, J, et al. 2016. Root-zone plant available water estimation using the SMOS-derived soil water index. Advances in Water Resources, 96: 339-353.

Gosling S N, Arnell N W. 2011. Simulating current global river runoff with a global hydrological model: model revisions, validation, and sensitivity analysis. Hydrol Ogical Processes, 25: 1129-1145.

Gudmundsson L, Tallaksen L M, Stahl K, et al. 2012. Comparing large-scale hydrological model simulations to observed runoff percentiles in Europe. Journal of Hydrometeorology, 13: 604-620.

Guerschman J P, van Dijk A I J M, Mattersdorf G, et al. 2009. Scaling of potential evapotranspiration with MODIS data reproduces flux observations and catchment water balance observations across Australia. Journal of Hydrology, 369: 107-119.

Haddeland I, Clark D B, Franssen W, et al. 2011. Multimodel estimate of the global terrestrial water balance: setup and first results. Journal of Hydrometeorology, 12: 869-884.

Hamon W R. 1961. estimating potential evapotranspiration. Journal of the Hydraulics Division Proceedings of the Asce, 87: 107-120.

Hanasaki N, Yoshikawa S, Pokhrel Y, et al. 2018. A global hydrological simulation to specify the sources of water used by humans. Hydrology and Earth System Sciences, 22: 789-817.

Hardisky M A, Klemas V, Smart M. 1983. The influence of soil salinity, growth form, and leaf moisture on the s pectral radiance of Spartina alterniflora, canopies. Photogrammetric Eng and Remote Sens, 49: 77-83.

Harris I, Jones P D, Osborn T J, et al. 2014. Updated high-resolution grids of monthly climatic observations-the CRU TS3. 10 Dataset. International Journal of Climatology A Journal of the Royal Meteorological Society, 34: 623-642.

Hunt E R, Yilmaz M T. 2007. Remote sensing of vegetation water content using shortwave infrared reflectances. https://doi.org/10.1117/12.734730 [2017-11-01].

Jackson T J, Chen D, Cosh M, et al. 2004. Vegetation water content mapping using Landsat data derived normalized difference water index for corn and soybeans. Remote Sensing of Environment, 92: 475-482.

Jansson F C, Rockström J, Gordon L. 1999. Linking freshwater flows and ecosystem services appropriated by people: the case of the Baltic Sea Drainage Basin. Ecosystems, 351-366.

Jewitt G P W, Garratt J A, Calder I R, et al. 2004. Water resources planning and modelling tools for the assessment of land use change in the Luvuvhu Catchment, South Africa. Physics and Chemistry of the Earth, 15 (18): 1233-1241.

Jolly W M, Nemani R, Running S W. 2005. A generalized, bioclimatic index to predict foliar phenology in response to climate. Global Change Biology, 11: 619-632.

Kerr Y H, Waldteufel P, Wigneron J, et al. 2010. The SMOS mission: new tool for monitoring key elements of the global water cycle. Proceedings of the IEEE, 98: 666-687.

Keyantash J, Dracup J A. 2002. The Quantification of drought: an evaluation of drought indices. Bulletion of the American Meteorological Society, 83: 1167-1180.

Kim H, Watanabe S, Chang E C, et al. 2017. Development of a New Global Dataset for Offline Terrestrial Simulations-for Global Soil Wetness Project Phase 3. http://hydro.iis.u-tokyo.ac.jp/GSWP3/[2017-09-22].

Kim H. 2017. Global Soil Wetness Project Phase 3 Atmospheric Boundary Conditions (Experiment 1) [Data set], Data Integration and Analysis System (DIAS). https://doi.org/10.20783/DIAS.501[2017-12-31].

Kingsford R T. 2000. Ecological impacts of dams, water diversions and river management on floodplain wetlands in Australia. Austral Ecology, 25: 109-127.

Kingston D G, Todd M C, Taylor R G, et al. 2009. Uncertainty in the estimation of potential evapotranspiration under climate change. Geophysical Research Letters, 36: 3-8.

Kirchner J W. 2006. Getting the right answers for the right reasons: linking measurements, analyses, and models to advance the science of hydrology. Water Resources Research, 42: W03S04.

Krysanova V, Hattermann F F. 2017. Intercomparison of climate change impacts in 12 large river basins: overview of methods and summary of results. Climate Change, 141: 363-379.

Kumar R, Samaniego L, Attinger S. 2013. Implications of distributed hydrologic model parameterization on water fluxes at multiple scales and locations. Water Resources Research, 49: 360-379.

Lamontagne S, Taylor A R, Cook P G, et al. 2014. Field assessment of surface water-groundwater connectivity in a semi-arid river basin (Murray-Darling, Australia). Hydrological Processes, 28: 1561-1572.

Lannerstad F. 2005. Interactive comment on — Consumptive water useto feed humanity-curing a blind spot ‖ by M. Falkenmark and M. Lannerstad. Hydrology and Earth System Sciences, Discuss, 1: 20-28.

Leblanc M, Tweed S, Ramillien G, et al. 2011. Groundwater change in the Murray basin from long-term in situ monitoring and GRACE estimates. International Association of Hydrogeologists, 22: 169-187.

Legates D R, Mahmood R, Levia D F, et al. 2011. Soil moisture: a central and unifying theme in physical geography. Progress in Physical Geography, 35: 65-86.

Leng G, Huang M, Tang Q, et al. 2015. A modeling study of irrigation effects on global surface water and groundwater resources under a changing climate. Journal of Advances in Modeling Earth Systems, 7: 1285-1304.

Li S, Zhao W. 2010. Satellite-based actual evapotranspiration estimation in the middle reach of the Heihe River Basin using the SEBAL method. Hydrological Processes, 24 (23): 3337-3344.

Liang X, Lettenmaier D P, Wood E F, et al. 1994. A simple hydrologically based model of land surface water and energy fluxes for general circulation models. Journal of Geophysical Research, 99: 14415-14428.

Liu J G, Zang C F, Tian S Y, et al. 2013. Water conservancy projects in China: achievements, challenges and way forward. Global Environmental Change, 23 (3): 633-643.

Liu J, Yang H. 2009. Consumptive water use in cropland and its partitioning: a high-resolution assessment. Science in China Series E Technological Sciences, 11: 6.

Liu J, Yang H. 2010. Spatially explicit assessment of global consumptive water uses in cropland: green and blue water. Journal of Hydrology, 384: 187-197.

Liu J, Zehnder A J B, Yang H, et al. 2009. Global consumptive water use for crop production: the importance of green water and virtual water. Water Resources Research, 45 (5).

Liu S, Roberts D A, Chadwick O A, et al. 2012. Spectral responses to plant available soil moisture in a Californian grassland. International Journal of Applied Earth Observation and Geoinformation, 19: 31-44.

Liu X, Tang Q, Cui H, et al. 2017. Multimodel uncertainty changes in simulated river flows induced by human impact parameterizations. Environmental Research Letters, 12: 25009.

Lorenz C, Kunstmann H, Devaraju B, et al. 2014. Large-scale runoff from landmasses: a global assessment of the closure of the hydrological and atmospheric water balances. Journal of Hydrometeorology, 15: 2111-2139.

Lu J, Sun G, Mcnulty S G, et al. 2005. A comparison of 6 potential evapotranpiration méthods for regional use in the Southern United States. Journal of the American Water Resources Association, 03175: 621-633.

Lv M, Lu H, Yang K, Xu Z, et al. 2018. Assessment of runoffcomponents simulated by GLDAS against UNHGRDC dataset at global and hemispheric scales. Water, 10: 969.

Masaki Y, Hanasaki N, Biemans H, et al. 2017. Intercomparison of global river discharge simulations focusing on dam operation-multiple models analysis in two casestudy river basins, Missouri-Mississippi and Green-Colorado. Environmental Research Letters, 12: 055002.

Moore C, Wöhling T, Doherty J. 2010. Efficient regularization and uncertainty analysis using a global optimization methodology. Water Resources Research, 46: W08527.

Mu Q, Zhao M, Running S W. 2011. Improvements to a MODIS global terrestrial evapotranspiration algorithm. Remote Sensing of Environment, 115: 1781-1800.

Mueller B, Hirschi M, Jimenez C, et al. 2013. Benchmark products for land evapotranspiration: LandFluxEVAL multi-data set synthesis. Hydrology and Earth System Sciences, 17: 3707-3720.

Müller S H, Adam L, Eisner S, et al. 2016a. Impact of climate forcing uncertainty and human water use on global and continental water balance components. Proc. IAHS, 374: 53-62.

Müller S H, Adam L, Eisner S, et al. 2016b. Variations of global and continental water balance components as impacted by climate forcing uncertainty and human water use. Hydrology and Earth System Sciences, 20: 2877-2898.

Müller S H, Eisner S, Franz D, et al. 2014. Sensitivity of simulated global-scale freshwater fluxes and storages to input data, hydrological model structure, human water use and calibration. Hydrology and Earth System Sciences, 18: 3511-3538.

Nijzink R C, Almeida S, Pechlivanidis I G, et al. 2018. Constraining conceptual hydrological models with multiple information sources. Water Resources Research, 54: 8332-8362.

Nijzink R, Hutton C, Pechlivanidis I, et al. 2016. The evolution of root-zone moisture capacities after deforestation: a step towards hydrological predictions under change? Hydrology and Earth System Sciences, 20: 4775-4799.

Njoku E G, Jackson T J, Lakshmi V, et al. 2003. Soil moisture retrieval from AMSR-E. IEEE Transactions on Geoscience and Remote Sensing, 41: 215-229.

Orth R, Seneviratne S I. 2015. Introduction of a simple-modelbased land surface dataset for Europe. Environmental Research Letters, 10: 44012.

Pastorello G, Papale D, Chu H, et al. 2017. the FLUXNET2015 dataset: the longest record of global carbon, water, and energy fluxes is updated. https://doi.org/10.1029/2017EO071597[2017-12-31].

Paulik C, Dorigo W, Wagner W, et al. 2014. Validation of the ASCAT soil water index using in situ data from the international soil moisture network. International Journal of Applied Earth Observation and Geoinformation, 30: 1-8.

Petropoulos G P, Ireland G, Barrett B. 2015. Surface soil moisture retrievals from remote sensing: current status, products & future trends. Physics and Chemistry of the Earth Parte A│B│C, 83-84: 36-56.

Postel S L, Daily G C, Ehrlich P R. 1996. Human appropriation of renewable fresh water. Science, 5250: 785-788.

Potter N J, Chiew F H S. 2011. An investigation into changes in climate characteristics causing the recent very low runoff in the southern Murray-Darling Basin using rainfall-runoff models. Water Resources Research, 47: W00G10.

Rakovec O, Kumar R, Attinger S, et al. 2016. Improving the realism of hydrologic model functioning through multivariate parameter estimation. Water Resources Research, 52: 7779-7792.

Rango A, Martinec J. 1995. Revisiting the degree-day method for snowmelt computations. Journal of the American Water Resources Association, 31: 657-669.

Rebel K T, de Jeu R A M, Ciais P, et al. 2012. A global analysis of soil moisture derived from satellite observations and a land surface model. Hydrology and Earth System Sciences, 16: 833-847.

Reichle R H, Draper C S, Liu Q, et al. 2017. Assessment of MERRA-2 land surface hydrology estimates. Journal of Climate, 30: 2937-2960.

Reid M, Fluin J, Ogden R, et al. 2002. Long-term perspectives on human impacts on floodplain-river ecosystems, Murray-Darling Basin, Australia. SIL Proceedings, 28: 710-716.

Renzullo L J, van Dijk A, Perraud J M, et al. 2014. Continental satellite soil moisture data assimilation improves root-zone moisture analysis for water resources assessment. Journal of Hydrology, 519: 2747-2762.

Roads J, Betts A. 2000. NCEP-NCAR and ECMWF reanalysis surface water and energy budgets for the Mississippi River Basin. Journal of Hydrometeorology, 1: 88-94.

Rockstrtom J. 1999. On farm green water estimates as a tool for increased food production in water scarcity regions. Physics and Chemiistry of the Earth (B), 24: 375-383.

Rockström J, Gordon L, Folke C, et al. 1999. Linkages among water vapor flows, food production, and terrestrial ecosystem services. Ecology and Society, 3: 5.

Rockström J, Karlberg L, Wani S P, et al. 2010. Managing water in rainfed agriculture-The need for a paradigm shift. Agricultural Water Management, 4: 543-550.

Rost S, Gerten D, Bondeau A, et al. 2008. Agricultural green and blue water consumption and its influence on the global water system. Water Resources Research, 44 (9).

Runyan CW, D'Odorico P. 2010. Ecohydrological feedbacks between salt accumulation and vegetation dynamics: role of vegetation-groundwater interactions. Water Resources Research, 46: W11561.

Sabater J M, Jarlan L, Calvet J C, et al. 2007. From near-surface to root-zone soil moisture using different assimilation techniques. Journal of Hydrometeorology, 8: 194-206.

Samaniego L, Thober S, Kumar R, et al. 2018. Anthropogenic warming exacerbates European oil moisture droughts. Nature Climate Change, 8: 421-426.

Santos W J R, Silva B M, Oliveira G C, et al. 2014. Soil moisture in the root zone and its relation to plant vigor assessed by re mote sensing at management scale. Geoderma, 221-222: 91-95.

Savenije H H G, Hrachowitz M. 2017. HESS Opinions "Catchments as meta-organisms-a new blueprint for hydrological modelling". Hydrology and Earth System Sciences, 21: 1107-1116.

Schewe J, Heinke J, Gerten D, et al. 2014. Multimodel assessment of water scarcity under climate change. PNAS, 111: 3245-3250.

Schnur M T, Xie H, Wang X. 2010. Estimating root zone soil moisture at distant sites using MODIS NDVI and EVI in a semiarid region of southwestern USA. Ecological Informatics, 5: 400-409.

Schuol J, Abbaspour K C, Yang H, et al. 2008. Modelling blue and green water availability in Africa at monthly intervals and subbasin level. Water Resources Research, 44: W07406.

Senay G B, Bohms S, Singh R K, et al. 2013. Operational evapotranspiration mapping using remote sensing and weather datasets: a new parameterization for the SSEB approach. Journal of the American Water Resources Association, 49: 577-591.

Serrano L, Ustin S L, Roberts D A, et al. 2000. Deriving water content of chaparral vegetation from AVIRIS data. Remote Sensing of Environment, 74: 570-581.

Sheffield J, Wood E F. 2008. Global trends and variability in soil moisture and drought characteristics, 1950-2000, from observation-driven simulations of the terrestrial hydrologic cycle. Journal of Climate, 21: 432-458.

Sheikh V, Visser S, Stroosnijder L. 2009. A simple model to predict soil moisture: bridging event and continuous hydrological (BEACH) modelling. Environmental Modelling and Software, 24: 542-556.

Siebert S, Döll P. 2010. Quantifying blue and green virtual water contents in global crop production as well as potential production losses without irrigation. Journal of Hydrology, 384 (3-4): 198-217.

Smith A A, Welch C, Stadnyk T A. 2018. Assessing the seasonality and uncertainty in evapotranspiration partitioning using a tracer-aided model. Journal of Hydrology, 560: 595-613.

Sood A, Smakhtin V. 2015. Global hydrological models: a review. Hydrological Sciences Journal, 60: 549-565.

Sriwongsitanon N, Gao H, Savenije H H G, et al. 2016. Comparing the normalized difference infrared index (NDII) with root zone storage in a lumped conceptual model. Hydrology and Earth System Sciences, 20: 3361-3377.

Steele-Dunne S C, Friesen J, van de Giesen N. 2012. Using diurnal variation in backscatter to detect vegetation water stress. IEEE Transactions on Geoscience and Remote Sensing, 50: 2618-2629.

Tangdamrongsub N, Han S C, Decker M, et al. 2018. On the use of the GRACE normal equation of intersatellite tracking data for estimation of soil moisture and groundwater in Australia. Hydrology and Earth System Sciences, 22: 1811-1829.

Tobin K J, Torres R, Crow W T, et al. 2017. Multidecadal analysis of root-zone soil moisture applying the exponential filter across CONUS. Hydrology and Earth System Sciences, 21: 4403-4417.

Tolson B A, Shoemaker C A. 2007. Dynamically dimensioned search algorithm for computationally efficient watershed model calibration. Water Resources Research, 43: W01413.

Tshimanga R M, Hughes D A. 2014. Basin-scale performance of a semidistributed rainfall-runoff model for hydrological predictions and water resources assessment of large rivers: the Congo River. Water Resources Research, 50: 1174-1188.

van Emmerik T, Steele-Dunne S C, Judge J, et al. 2015. Impact of diurnal variation in vegetation water content on radar backscatter from maize during water stress. IEEE Transactions on Geoscience and Remote Sensing, 53: 3855-3869.

Veldkamp T, Wada Y, Aerts J, et al. 2017. Water scarcity hotspots travel downstream due to human interventions in the 20th and 21st century. Nature Communication, 8: 15697.

Velpuri N M, Senay G B, Singh R K, et al. 2013. A comprehensive evaluation of two MODIS evapotranspiration products over the conterminous United States: using point and gridded FLUXNET and water balance ET. Remote Sensing of Environment, 139: 35-49.

Vergnes J P, Decharme B, Habets F. 2014. Introduction of groundwater capillary rises using subgrid spatial variability of topography into the ISBA land surface model. Journal of Geophysical. Research: Atmos., 119: 11065-11086.

Vermote E. 2015. MOD09A1 MODIS/Terra Surface Reflectance 8-Day L3 Global 500m SIN Grid V006, Data set, NASA. EOSDIS LP DAAC, https://doi.org/10.5067/MODIS/MOD09A1.006[2017-12-31].

Vinukollu R K, Meynadier R, Sheffield J, et al. 2011. Multi-model, multi-sensor estimates of global evapotranspiration: climatology, uncertainties and trends. Hydrological Processes, 25: 3993-4010.

Vörösmarty C J, Federer C A, Schloss A L. 1998. Potential evaporation functions compared on US watersheds: possible implications for global-scale water balance and terrestrial ecosystem modeling. Journal of Hydrology, 207: 147-169.

Wang T, Wedin D A, Franz T E, et al. 2015. Effect of vegetation on the temporal stability of soil moisture in grassstabilized semi-arid sand dunes. Journal of Hydrology, 521: 447-459.

Wang W, Cui W, Wang X, et al. 2016. Evaluation of GLDAS-1 and GLDAS-2 forcing data and noah model simulations over China at the monthly scale. Journal of Hydrometeorology, 17: 2815-2833.

Wang X, Xie H, Guan H, et al. 2007. Different responses of MODIS-derived NDVI to root-zone soil moisture in semi-arid and humid regions. Journal of Hydrology, 340: 12-24.

Wang-Erlandsson L, Bastiaanssen W G M, Gao H, et al. 2016. Global root zone storage capacity from satellite-based evaporation. Hydrology and Earth System Sciences, 20: 1459-1481.

Wang-Erlandsson L, van der Ent R J, Gordon L J, et al. 2014. Contrasting roles of interception and transpiration in the hydrological cycle-Part 1: temporal characteristics over land. Earth System Dynamics, 5: 441-469.

Warszawski L, Frieler K, Huber V, et al. 2014. The inter-sectoral impact model intercomparison project (ISI-MIP): projectframework. PNAS, 111: 3228-3232.

Wilson N R, Norman L M. 2018. Analysis of vegetation recovery surrounding a restored wetland using the normalized difference infrared index (NDII) and normalized difference vegetation index (NDVI). International Journal of Remote Sensing, 39: 3243-3274.

Xia Y, Sheffield J, Ek M B, et al. 2014. Evaluation of multi-model simulated soil moisture in NLDAS-2. Journal of Hydrology, 512: 107-125.

Yamazaki D, Kanae S, Kim H, et al. 2011. A physically based description of floodplain inundation dynamics in a global river routing model. Water Resources Research, 47: 1-21.

Yang R, Ek M, Meng J. 2015. Surface water and energy budgets for the Mississippi River Basin in three NCEP reanalyses. Journal of Hydrometeorology, 16: 857-873.

Zaherpour J, Gosling S N, Mount N, et al. 2018. Worldwide evaluation of mean and extreme runoff from six global-scale hydrological models that account for human impacts. Environmental Research Letters, 13: 065015.

Zang C F, Liu J, van der Velde M, et al. 2012. Assessment of spatial and temporal patterns of green and blue water flows under natural conditions in inland river basins in Northwest China. Hydrology Earth System Science, 16(8): 2859-2870.

Zhang X, Zhang T, Zhou P, et al. 2017. Validation analysis of SMAP and AMSR2 soil moisture products over the United States using ground-based measurements. Remote Sensing, 9: 104.

Zhao R J. 1992. The Xinanjiang model applied in China. Journal of Hydrology, 135: 371-381.

第3章 中国水足迹时空演变及驱动机制

3.1 水足迹研究进展

水资源是维系生命和保持社会生产活动不可缺少的资源。全球年均取水量已经从1900年的500km^{3}增加到了2010年的4436km^3（Wada and Bierkens，2014；Wada et al.，2013），人类对水资源需求的增长速度已经达到人口增长速度的两倍多（Connor，2015；Wada et al.，2013；Soligno et al.，2019）。淡水资源短缺以及水资源禀赋与需求在时空分布上不均衡的现实，已经成为制约人类社会可持续发展的关键因素。目前，全球超过15亿人生活在严重缺水的区域（Gosling and Arnell，2016；Liu et al.，2017；Kummu et al.，2010；Cai et al.，2016），水资源短缺问题在一些快速发展的国家（如中国）尤其严重。中国的人均可利用水资源量大约为2100m^3，仅为世界平均水平的1/4，这使得中国成为13个缺水最严重的国家之一（Gu et al.，2017；Liu et al.，2017）。人口的增加、生活水平的提高、消费模式的转变和经济活动的扩大增加了中国的用水需求。此外，本地部分水资源被消耗于生产输出到其他地区的商品和服务，意味着贸易对当地水资源也有一定影响（Godfray et al.，2010；Sun et al.，2017）。因此，为了满足未来的水安全需求并找到最有效的水管理策略，必须充分认识水资源消耗时空分布趋势变化的社会经济驱动机制以及水资源消耗量在不同经济部门之间的分配情况。

淡水资源由蓝水和绿水组成。蓝水可用于灌溉、饮水和工业生产等；绿水是降水到陆地并且被储存在土壤或停留在土壤表面和植被中的水资源（Hoekstra，2019）。在全球范围内，绿水使用量占用水总量的80%，是水资源可持续开发至关重要的组成部分（Liu and Yang，2010；Zang and Liu，2013）。但是，由于绿水"看不见"，除通过土地利用活动变化间接分配外，难用于其他用途，这使得其在水资源管理与调控中经常被忽略。水足迹概念在经济生产、人类消费和水资源上发挥着重要的作用。水足迹指整个生产供应链中生产商品或服务消耗的水资源总量。蓝水足迹指在生产供应链中消耗的地表水和地下水水资源量。相比之下，绿水足迹主要指农业生产对土壤水的消耗（Guan and Hubacek，2007；Hoekstra et al.，2011）。部分研究已经采用自下而上和自上而下的方法在区域、国家和全球等尺度上评估水足迹（Chapagain and Hoekstra，2008；Lenzen et al.，2013；Feng et al.，

2014；Feng and Hubacek，2015；Zhao et al.，2017；Chen et al.，2018；Zhang et al.，2019）。尽管以自下而上为基础的水足迹研究方法已经促进了影响评估和政策制定（Haghighi et al.，2018；Marston et al.，2018；Xu et al.，2019；Liu et al.，2020），但是这种方法存在着重复计算的缺陷，并且中间产品的用水量难以从最终产品用水量中区分出来（Feng et al.，2011）。多区域投入产出模型是一种应用广泛的自上而下的方法，它能够克服这些缺点并且可以通过经济系统来追溯虚拟水足迹（Lenzen，2009；Cazcarro et al.，2013；Zhang and Anadon，2014；Yang and Hu，2018；Garcia et al.，2020）。

水足迹是在虚拟水概念的基础上提出来的。早在1993年英国学者Tony Allan就将虚拟水定义为产品生产或服务过程中消耗的淡水资源量，从此开启了虚拟水研究的序幕。在某种产品的生产过程或服务过程中，与能看到的实体水资源量相比，虚拟水量大得多。正如Hoekstra和Chapagain（2007）、Vörösmarty等（2015）的研究中指出的，当产品由于贸易因素从一个区域进入另一个区域时，通过衡量隐含在内部的大量虚拟水量，可以更好地识别出区域之间的贸易以及消费模式对水资源分配的影响，从而更有益于在国家乃至全球范围内实现对水资源的合理分配与可持续利用。基于虚拟水的概念，Hoekstra和van den Bergh（2003）在荷兰代尔夫特举办的以虚拟水贸易为核心议题的国际专家会议上率先提出了水足迹概念。水足迹被定义为维持人类日常消费的产品及服务而消耗的淡水资源总量（Hoekstra and Chapagain，2007；韩杰和陈兴鹏，2017）。水足迹的核算可以体现出人类在生产和消费活动中对淡水资源的利用情况，同时明确表征出水资源消耗和污染发生的时间和地点，将人们在整个生产环节中对产品和服务的水资源消耗状况进行量化，更加深刻地描述出人类活动和水资源消耗之间的密切联系。水足迹评价理论与方法的应用，为水资源综合管理拓宽了视角，同时也为引导人类实现绿色消费提供了科学依据（Aldaya et al.，2012；李宁等，2017；赵春芳，2017）。

按照不同的水资源类型，水足迹被分为三个部分：蓝水足迹、绿水足迹和灰水足迹。蓝水包括江河湖在内的地表水以及地下含水层中的水；而绿水通常指植物经蒸腾作用消耗的储存于土壤中的那部分水，虽然是一种不可见的水，却是全球农业生产过程和生态系统中的重要水源（臧传富，2013）；灰水是指在现有环境标准下，稀释同化一定的污染负荷需要的淡水（Hoekstra，2008）。在以往水资源评价管理中通常只考虑了传统意义的水资源（蓝水）——地表水和地下水，却忽视了为自然生态系统和雨养农业提供重要水资源的绿水（Falkenmark，1995）。把蓝水和绿水结合在一起进行水足迹评价，对水资源的内涵做了更全面的诠释，能够明确地表征出整个水循环和生态学过程的相互影响关系。而灰水足迹的提出，能将水环境污染对可用水资源量的影响更加直观地反映出来。因此，水足迹的核算包括了人们在生活、生产活动乃至污染等各类产业服务链条中所涉及的水资源，为研究水资源消耗开辟了新思路，对于实现水资源可持续利用与经济协调发展具有重要意义。

Zhang Y 等（2017）运用文献计量方法发现，2006~2015 年，有关水足迹的研究急剧增加，美国（24.1%）、中国（19.2%）和荷兰（16.0%）是研究该内容占比最高的国家。从国内外的研究来看，与水足迹相关的主流研究主要是通过对产品和区域水足迹的核算，明确水-粮食-能源的关系、水足迹变化的驱动机制、水资源的使用对环境的影响以及水足迹评价指标的整合，从而更好地应用于水资源管理方面。目前，水足迹的研究热点主要有产品水足迹核算和区域水足迹核算两个方面。

在中国，部分学者已经开展了一些与水足迹相关的多区域投入产出研究，如 Feng 等（2014）、Zhang 和 Anadon（2014）、Zhao 等（2015）、Zhao H 等（2020）、Zhang 等（2019）、Chen 等（2019），这些研究识别出了各省份之间的蓝水足迹差异，并且量化了各省份之间的虚拟蓝水流。但是，这些研究大都集中于蓝水足迹，很少关注绿水足迹，此外，蓝水足迹和绿水足迹之间的交互作用也未涉及。Hou 等（2018）应用全球投入产出数据库计算了中国的绿水足迹，但是仍然缺少更高空间分辨率（如州、省级尺度）的绿水足迹研究。一般地，如果维持作物生长的蓝水可以被绿水取代，并且可以有计划地增加用于粮食生产的绿水，那么节省的蓝水就可以用于其他的生产活动，如生产更高附加值的商品或者补给环境流以恢复生态系统的主要功能。从这个角度看，增加绿水使用与节约农业中的蓝水对于提升水资源利用的可持续性是至关重要的。另外，以往的研究量化了中国水足迹的驱动因素，但是很少考虑不同地区和不同社会经济部门间各种驱动因素的异质效应（Guan et al.，2014a；Yang et al.，2016；Fan et al.，2019）。Cai 等（2019）、Gao 等（2021）量化了地区间蓝水流的驱动因素变化以及地区间贸易产生的虚拟水，但是他们均未深入分析水足迹和相关的驱动因素。事实上，中国各省份就水资源量、可利用水资源量、人口和发展水平而言已存在巨大的差异，并且这些差异不可忽视。因此，对中国蓝水足迹和绿水足迹复杂动态的各种社会经济驱动因素及其在省级尺度上的相互作用进行时空分析，可为当前的水资源研究提供有益补充。考虑不同省份和经济部门驱动力的异质性，有助于政策制定者更好地了解用水情况并提升水资源管理水平。

在本书中，我们基于多区域投入产出框架研究了 2002 年、2007 年和 2012 年中国省级（无法获得西藏、香港、澳门和台湾地区的数据，因此不包括在内）尺度蓝水足迹和绿水足迹时空变化的驱动力，进而提出用去耦合指数来量化水与经济的关系以及蓝绿水之间的替代情况，并最终采用结构分解分析方法来量化影响水足迹变化的驱动因素。通过本书，我们可以回答如下几个关键问题：①蓝水足迹和绿水足迹在时间和空间上尤其是在省级尺度上是如何变化的？②蓝水足迹和绿水足迹如何随时间相互转化以及在农业和食品加工业等部门之间如何分配？③不同驱动因素对水足迹变化的贡献如何随时间变化？蓝水足迹和绿水足迹在何种程度上相互关联？通过对以上问题的深入分析，我们可以总结出一些对水资源的可持续性管理有益的建议。

3.1.1 产品水足迹核算

在全球范围内，农产品主要包括粮食作物和畜禽产品，两者均需消耗大量的水资源。人们也越来越意识到农产品生产和淡水供应之间的紧张关系（Yang et al., 2007; Zonderland-Thomassen et al., 2014）。Mekonnen 和 Hoekstra（2011）以 5′×5′的空间分辨率，估算出全球 126 种农作物在 1996~2005 年的生产水足迹为 7404 亿 m^3，其中 78% 为绿水足迹、12% 为蓝水足迹、10% 为灰水足迹。其研究结果还表明，就作物层面而言，小麦和稻谷的蓝水足迹较大，占全球蓝水足迹的 45%；就国家层面而言，印度的总水足迹最大。此外，一些学者就同一种农作物——水稻，在中国淮安的 3 个主要灌区、阿根廷的 2 个水稻种植区以及韩国几个种植区等不同国家区域内的水足迹情况开展了研究（Yoo et al., 2014; Marano et al., 2015; Xin et al., 2018），研究结果均表明，水稻的蓝水足迹、绿水足迹、灰水足迹与不同国家和地区的气候、降水量以及灌溉制度等有直接关联。近年来，我国学者针对稻谷、小麦、玉米、大豆和高粱 5 种主要粮食作物核算了 1978~2010 年中国粮食作物的水足迹，并且对比了省际不同的水资源状况对蓝绿水的影响（田园宏等，2013），研究结果表明，稻谷在这 5 种主要粮食作物中水足迹值最大，占比 48%。由于中国幅员辽阔，华北平原、西北旱区等不同区域的作物灌溉水平均不相同，一些学者对不同地区的主要粮食作物的水足迹值进行了核算，并给出了相应的种植结构优化和节水灌溉建议（盖力强等，2010；曹连海，2014；杜玲等，2017）。

相比较农作物产品，畜禽产品产生的水资源消耗更大。就中国而言，谷物类产品的虚拟水含量的变化范围为 80~1300L/kg，而肉类产品的虚拟水含量则达到 2400~12 600L/kg（Liu and Savenije, 2008）。Mekonnen 和 Hoekstra（2012a）在考虑不同类型的农场动物和动物产品以及世界各国不同的生产系统的情况下，分别核算了肉牛、奶牛、猪、山羊等畜牧产品的水足迹，研究结果指出，世界农业总水足迹的 1/3 与动物产品的生产有关，任何一种产品的水足迹都大于具有相同营养价值的农作物产品的水足迹。在这些动物类别中，牛肉的全球平均水足迹最高，为 15 400m^3/t，牛奶的全球平均水足迹为 1000m^3/t，并且牛肉每卡路里①的平均水足迹是谷类和淀粉类的 20 倍。因此，从淡水资源消耗的角度看，通过作物产品比通过动物产品获得卡路里、蛋白质和脂肪更有效。Owusu-Sekyere 等（2016）为缓解南非面临的水危机，利用《水足迹评价手册》中概述的程序，对南非生产和加工的牛奶的水足迹进行了评估，结果显示，在南非生产 1t 含 4% 脂肪和 3.3% 蛋白质的牛奶需要消耗 1352m^3 水，供给泌乳奶牛饲料的水占牛奶总水量的 86.35%，且泌乳奶牛的饲料配给量比非

---

① 1 卡路里（cal）= 4.1868J。

泌乳奶牛的水足迹高约85%。此研究结果为乳品行业的生产商在用水方面提供了参考依据。

目前大量研究主要集中在农产品的水足迹计算上，在工业产品水足迹研究方面相对较少。因为后者通常由各种基本材料组成，在这些基本材料的一系列生产过程中都会产生相应的水消耗（蓝水足迹）和污染（灰水足迹），这就为工业产品的水足迹核算增加了难度（Mekonnen and Hoekstra, 2012b）。Gerbens-Leenes 等（2018）评估了铬镍非合金钢、非合金钢、波特兰水泥、波特兰复合水泥和钠钙玻璃五种建筑材料的蓝水足迹和灰水足迹，得出以上钢铁、水泥和玻璃的水足迹由灰水足迹主导，灰水足迹比蓝水足迹大 20~220 倍。此外，对于钢铁来说，关键污染物是镉、铜和汞；对于水泥来说，关键污染物是汞和镉；而对于玻璃来说，关键污染物是悬浮物。该研究还指出钢铁、水泥和玻璃的蓝水足迹主要与电力使用有关。Schyns 等（2017）首次估算了木材、纸浆、造纸、燃料、木柴等林业领域的全球用水量，研究结果表明，2001~2010 年全球圆木生产的用水量与过去五十年相比增加了 25%，年均值为 $9.61 \times 10^{11} m^3$，其中 96% 为绿水，4% 为蓝水；相比温带森林，亚热带森林每立方米木材的水足迹要小很多，并提出木材产品的回收以及集约化生产可以有效地减少林业部门的水足迹，从而为其他生态系统服务提供更多的水。Northey 等（2016）研究表明，采矿和矿物加工业对各个阶段的水量与水质都存在着潜在的影响，为减少不利的水风险，该研究就行业内在量化采矿和矿物加工工业中的水足迹时一些长期存在的限制因素提出了应对策略。由于工业产品的水足迹评价在我国起步较晚，加之各环节涉及的影响因素繁多以及缺乏可靠的数据支撑，水足迹理论在工业产品方面的应用研究相对较少。油惠仙等（2014）基于产业链核算了化工产品的水足迹，结果显示，作为主要产品的烧碱和聚氯乙烯（PVC），其水足迹分别为 $13.37 m^3/t$ 和 $24.96 m^3/t$。此外，近几年一些学者也将工业水足迹理论积极应用到钢铁（尹婷婷等，2012）、典型棉纺织产品（严岩等，2014）以及电缆（白雪等，2016）等工业产品的水足迹的核算中，这对提高我国工业水资源管理水平具有重大意义。

3.1.2 区域水足迹核算

近些年来，运用水足迹理论对不同尺度的区域进行水资源评价也取得了很大进展。Hoekstra 等（2012）以全球为基本单元，对水足迹进行核算，结果表明，1996~2005 年，全球年均水足迹为 9.1 万亿 m^3，其中 74% 为绿水足迹，11% 为蓝水足迹。Ercin 和 Hoekstra（2014）根据多种变化驱动因素，如人口增长、经济增长、生产贸易模式转变、消费模式变化（饮食变化、生物能源使用）和技术发展等，基于不确定的两个关键方面（全球化与区域自给自足、以经济驱动为主的发展和以社会与环境目标驱动的发展）构建了四个情景，对 2050 年的水足迹进行情景分析。该研究表明，不同的驱动因素对 2050 年全球水资源消耗和水污染有不同程度的影响,只要消费模式发生变化,即使人口增加也可以将人类的水足迹降至可持续水平。这项研究对世界各个国家以及国家之间在水资源管理的决策方面具有指导意义。城市是商品消费的热点区域,深入分析其水资源的消耗状况,对于缓解伴随着城镇化进程的加快而带来的水资源短缺危机及面临的水安全问题至关重要(王浩,2010;Paterson et al.,2015)。Zhao 等(2017)将多区域投入产出模型与水足迹评估相结合,综合评估了京津冀城市群农业、工业与服务业的蓝水足迹、绿水足迹和灰水足迹,以及水足迹在区域内部和区域之间的转移状况。结果显示,北京和天津两地是绿水、蓝水和灰水的净输入地区,而河北是绿水、蓝水和灰水的输出地区,将蓝水足迹、绿水足迹、灰水足迹输出至北京、天津和其他省份,其中超过60%的水足迹以虚拟水形式转移。京津冀地区输出少量蓝水(20.86亿m^3),大量绿水(155.73亿m^3)从外地通过贸易形式流入,并且外包灰水(306.2亿m^3)到其他地区。研究还发现,对京津冀地区调入实体水并不能平衡虚拟水输出,也无法补偿内部用水量,以输出为基础的经济发展模式的延续将加剧河北的水资源压力。在中国,水足迹研究多针对国家、省、市或较大流域。孙才志等(2010)以国家为基本单元,核算了1997~2007年中国的水足迹,结果表明,中国的水足迹总体呈下降趋势,水资源利用效率有所提高。有些学者以流域为基本单元,对其水足迹的动态时空分布特征进行了评价(王博等,2014;钟文婷等,2015)。史利洁等(2015)以省级区域为基本单元,核算了陕西的作物生产水足迹并分析了其水资源面临的压力。杨裕恒等(2017)则以市级区域为基本单元,评价了济南市的农业用水现状。对于疆域辽阔的中国,水资源状况在不同地区间的差异很大。对较大空间尺度的水足迹核算难以直接应用于其次级区域的水资源管理实践中,以县区等较小空间尺度为基本单元进行水足迹核算对当地水资源管理更具现实意义。

3.2 水足迹时空演变

3.2.1 基于多区域投入产出模型核算水足迹

3.2.1.1 基于多区域投入产出模型计算省级尺度的生产水足迹

多区域投入产出模型是基于部门和经济区域之间的价值流动来评估生产或消费的环境影响的一种工具(通常使用商品的货币价值来代替商品本身)(Miller and Blair,2009)。它已经被广泛应用于评估每个加工阶段的资源消耗(Feng et al.,2013;Feng et al.,2014;Chen et al.,2019)。投入产出技术最早由 Leontief 在20世纪30年代末提出(Leontief,1951,1986)。在多区域投入产出表中,不同地区通过区域间价值交易联系在一起。该模型的核心线性方程如下：

$$\begin{bmatrix} X_1 \\ \vdots \\ X_r \\ \vdots \\ X_p \end{bmatrix} = \begin{bmatrix} A_{11} & \cdots & A_{1r} & \cdots & A_{1p} \\ \vdots & \ddots & \vdots & & \vdots \\ A_{r1} & \cdots & A_{rr} & \cdots & A_{rp} \\ \vdots & & \vdots & \ddots & \vdots \\ A_{p1} & \cdots & A_{pr} & \cdots & A_{pp} \end{bmatrix} = \begin{bmatrix} X_1 \\ \vdots \\ X_r \\ \vdots \\ X_p \end{bmatrix} + \begin{bmatrix} y_{11} + \sum_{s \neq 1} f_{1s} + e_1 \\ \vdots \\ y_{rr} + \sum_{s \neq r} f_{rs} + e_r \\ \vdots \\ y_{pp} + \sum_{s \neq p} f_{ps} + e_p \end{bmatrix} \quad (3\text{-}1)$$

$$X = \begin{bmatrix} X_1 \\ \vdots \\ X_r \\ \vdots \\ X_p \end{bmatrix}, \quad A = \begin{bmatrix} A_{11} & \cdots & A_{1r} & \cdots & A_{1p} \\ \vdots & \ddots & \vdots & & \vdots \\ A_{r1} & \cdots & A_{rr} & \cdots & A_{rp} \\ \vdots & & \vdots & \ddots & \vdots \\ A_{p1} & \cdots & A_{pr} & \cdots & A_{pp} \end{bmatrix}, \quad F = \begin{bmatrix} y_{11} + \sum_{s \neq 1} f_{1s} + e_1 \\ \vdots \\ y_{rr} + \sum_{s \neq r} f_{rs} + e_r \\ \vdots \\ y_{pp} + \sum_{s \neq p} f_{ps} + e_p \end{bmatrix} \quad (3\text{-}2)$$

式中，$X = (X_i^r)$ 代表部门总产出，并且 X_i^r 代表省份 r 部门 i 的总产出。技术系数子矩阵 $A_{rp} = (a_{rp}^{ij})$ 由 $a_{rp}^{ij} = \dfrac{z_{rp}^{ij}}{x_p^j}$ 得出，z_{rp}^{ij} 代表从省份 r 部门 i 到省份 p 部门 j 的价值流动，并且 x_p^j 代表省份 p 部门 j 的总产出。$y_{rp} = (y_{rp}^i)$ 是最终的需求矩阵并且 y_{rp}^i 是省份 p 对省份 r 部门 i 生产商品的最终需求。当 $r=p$ 时，代表本省份经济部门 i 产生的最终需求，f_{ps} 是最终产品从省份 p 到省份 s 的净贸易量，并且 e_p 是从省份 p 到世界其他地区的净出口量。因此，式（3-1）可以进行如下改写：

$$X = AX + F \quad (3\text{-}3)$$

求解式（3-3）得出：

$$X = L \cdot F = (I - A)^{-1} \cdot F \quad (3\text{-}4)$$

式中，L 为 Leontief 逆矩阵 $(I-A)^{-1}$，I 为单位矩阵，同时体现了直接影响和间接影响。

多区域投入产出表扩展了各个省份单个部门的用水系数。为了计算整个供应链中由最终消费 F 引起的水足迹，需要将用水系数 W 的对角矩阵、Leontief 逆矩阵 L 和最终消费 F 相乘，如式（3-5）所示：

$$\mathrm{WF} = W \cdot (I - A)^{-1} \cdot F \quad (3\text{-}5)$$

用水系数 W 等于省份 p 各经济部门的直接水足迹（DWFP_p^i）除以同省该部门的经济总产出（X_p^i）。

生产中的水足迹可以进行如下改写：

$$\mathrm{WF}_p = W_p \cdot X_p = W_p \cdot L_p \cdot F_p = \left(\dfrac{\mathrm{DWF}_p^i}{X_p^i} \right) \cdot (I - A_{pp})^{-1} \left(y_{pp} + \sum_{s \neq p} f_{px} + e_p \right) \quad (3\text{-}6)$$

式中，WF_p 是省份 p 因最终需求伴随的供应链商品生产与服务带来的省级水足迹总量（本书中为蓝水足迹量和绿水足迹量）；W_p 为省份 p 各部门直接用水强度（即单位总产出的耗水量），等于省份 p 直接水足迹（$DWFP_p^i$）除以同省各部门的经济总产出（X_p）；不管水量如何使用（是最终需求还是中间需求），$y_{pp} + \sum_{s \neq p} f_{ps}$ 是满足最终需求的国产（包括国内和中国其他省份）生产的产品与服务；e_p 为出口到世界其他地区的产品量。

3.2.1.2 数据源

中国每五年发布一次国家和省级的投入产出表，其中，2002 年、2007 年和 2012 年的多区域投入产出表由相关研究人员编制发布（国家信息中心和王长胜，2005；Liu and Chopra，2014；Mi et al.，2017）。值得注意的是，Zheng 等（2020）基于熵理论构建了2015 年中国多区域投入产出表。与以往的中国多区域投入产出表相比，2015 年多区域投入产出表就生产结构和交易模式上而言都有不同的技术假设。因此在进行时间序列分析时，如果将 2015 年多区域投入产出表与其他多区域投入产出表数据结合使用，或将产生偏差。因此，将投入产出表中的所有经济数据都利用官方的年平均通货膨胀率转换为 2010年恒定价格（1 元 = 0.15 美元）。2002 年、2007 年和 2012 年的年平均通货膨胀率合计约为 1.45、1.15 和 0.90。表 3-1 列出了 30 个可获取数据的产业部门。

表 3-1 部门类别

部门		名称
第一产业	1	农林牧副渔业
第二产业	2	煤炭开采与洗选业
	3	石油和天然气开采业
	4	金属矿采选业
	5	非金属矿及其他矿采选业
	6	食品制造及烟草加工业
	7	纺织业
	8	纺织服装鞋帽皮革羽绒及其制品业
	9	木材加工及家具制造业
	10	造纸印刷及文教体育用品制造业
	11	石油加工、炼焦及核燃料加工业
	12	化学工业
	13	非金属矿物制造业
	14	金属冶炼及压延加工业
	15	金属制品业
	16	通用、专用设备制造业

续表

部门		名称
第二产业	17	交通运输设备制造业
	18	电气机械及器材制造业
	19	通用设备、计算机及其他电子设备制造业
	20	仪器仪表及文化、办公用机械制造业
	21	其他制造业
	22	电力、热力的生产和供应业
	23	燃气及水的生产与供应业
	24	建筑业
第三产业	25	交通运输及仓储业
	26	批发零售业
	27	住宿餐饮业
	28	租赁和商业服务业
	29	研究与试验发展业
	30	其他服务业

为了计算省级经济生产的蓝水足迹和绿水足迹，需要部门和省级水平的直接蓝水足迹和绿水足迹。Liu 等（2020）利用 GEPIC 模型模拟了主要农作物（玉米、小麦、大豆、水稻、谷子和高粱）的省级直接的蓝水足迹和绿水足迹。这里选取这六种作物的水足迹作为多区域投入产出分析的主要输入。模拟步骤、参数选择和数据要求详见 Liu 等（2020）、Zhao 等（2017）、Liu 和 Yang（2010）、Liu 等（2007）等文章。最后将 6 种主要作物的蓝水足迹和绿水足迹除以它们在省级耕地总面积中所占的比例，就可获得所有作物的直接蓝水足迹和绿水足迹。其他农业部门（林业、畜牧业、渔业）、第二产业和城市生活部门的用水量从中国各省级水资源公报（2003 年、2008 年、2013 年）中获得。对于第三产业用水量，通过城镇化率乘以各省份城镇生活用水量来获取（表3-2）。Liu 等（2016）提供了这些步骤的细节，然后将每个部门的用水量数据乘以耗水量系数，得到蓝水足迹。根据30 个省份 2007 年第二、第三产业的直接用水强度，将第二和第三产业总的蓝水足迹分解为 29 个部门，这些数据是基于《中国经济普查年鉴2008》和 Zhao 等（2015）调查的第三产业数据集。所有需要的直接蓝水足迹和绿水足迹见表 3-3。人口和国内生产总值（gross domestic product，GDP）数据取自《中国统计年鉴》。

表 3-2 第三产业用水量测算标准

城镇化率	第三产业用水占生活用水的比例
0.00～0.45	0.20
0.45～0.70	0.33
0.70～1.00	0.40

第 3 章 中国水足迹时空演变及驱动机制

表 3-3 省级蓝水足迹（BWF）和绿水足迹（GWF）

省份	蓝水足迹（BWF）									绿水足迹（GWF）								
	人均/m³			单位GDP /(m³/1000元)			合计/10⁹ m³			人均/m³			单位GDP /(m³/1000元)			合计/10⁹ m³			绿水足迹比例 GWFP/%		
	2002年	2007年	2012年	2002年	2007年	2012年	2002年	2007年	2012年	2002年	2007年	2012年	2002年	2007年	2012年	2002年	2007年	2012年	2002年	2007年	2012年
北京	79	62	46	2	1	1	1.1	1.0	0.9	53	36	34	1	1	0	0.7	0.6	0.7	38.9	37.5	43.8
天津	118	94	70	4	2	1	1.2	1.0	1.0	111	83	76	4	2	1	1.1	0.9	1.1	47.8	47.4	52.4
河北	267	260	216	20	12	7	18.0	18.0	15.7	292	255	261	22	11	8	19.7	17.7	19.1	52.3	49.6	54.9
山西	126	137	128	12	7	4	4.1	4.6	4.6	350	271	260	34	13	9	11.5	9.2	9.4	73.7	66.7	67.1
内蒙古	345	466	450	29	15	8	8.2	11.3	11.2	612	528	596	51	17	10	14.6	12.8	14.8	64.0	53.1	56.9
辽宁	66	64	53	3	2	1	2.8	2.7	2.3	309	260	328	16	9	6	13.0	11.2	14.4	82.3	80.6	86.2
吉林	108	95	90	8	4	2	2.9	2.6	2.5	566	547	591	44	25	15	15.3	14.9	16.3	84.1	85.1	86.7
黑龙江	140	139	122	10	7	4	5.3	5.3	4.7	945	1033	1111	67	48	34	36.0	39.5	42.6	87.2	88.2	90.1
上海	38	113	28	1	2	0.4	0.6	2.3	0.7	170	111	80	3	2	1	2.9	2.3	1.9	82.9	50.0	73.1
江苏	83	103	113	4	3	2	6.2	8.0	9.0	479	436	406	23	11	7	35.5	33.7	32.2	85.1	80.8	78.2
浙江	58	75	73	2	2	1	2.8	3.8	4.0	352	269	216	14	6	4	16.8	13.9	11.8	85.7	78.5	74.7
安徽	60	67	67	7	5	3	3.7	4.1	4.0	676	641	631	80	46	24	41.5	39.2	37.8	91.8	90.5	90.4
福建	54	89	63	3	3	1	1.9	3.2	2.3	474	358	363	25	12	8	16.5	12.9	13.6	89.7	80.1	85.5
江西	60	42	62	7	3	2	2.5	1.8	2.8	803	675	722	94	44	28	33.9	29.5	32.5	93.1	94.2	92.1
山东	185	182	161	11	6	3	16.8	17.1	15.6	303	264	269	18	8	6	27.5	24.7	26.0	62.1	59.1	62.5

47

续表

省份	蓝水足迹（BWF）									绿水足迹（GWF）								
	人均/m³			单位GDP /(m³/1000元)			合计/10⁹m³			人均/m³			单位GDP /(m³/1000元)			合计/10⁹m³			绿水足迹比例GWFP/%		
	2002年	2007年	2012年	2002年	2007年	2012年	2002年	2007年	2012年	2002年	2007年	2012年	2002年	2007年	2012年	2002年	2007年	2012年	2002年	2007年	2012年
河南	105	218	158	11	12	6	10.1	20.4	14.8	439	358	423	48	19	15	42.2	33.5	39.8	80.7	62.2	72.9
湖北	82	119	84	7	6	2	4.6	6.8	4.9	688	577	660	63	31	19	39.0	32.9	38.1	89.4	82.9	88.6
湖南	34	60	44	4	4	1	2.3	3.8	2.9	682	638	708	74	37	23	45.2	40.5	47.0	95.2	91.4	94.2
广东	73	83	64	3	2	1	6.5	8.1	6.8	292	254	241	13	7	5	25.8	24.6	25.5	79.9	75.2	78.9
广西	48	71	89	6	5	4	2.3	3.4	4.1	651	580	599	85	41	24	31.4	27.6	28.0	93.2	89.0	87.2
海南	70	77	100	6	5	3	0.6	0.7	0.9	447	417	371	38	24	13	3.6	3.5	3.3	85.7	83.3	78.6
重庆	26	53	62	2	3	2	0.7	1.5	1.8	564	523	558	48	27	16	15.9	14.7	16.4	95.8	90.7	90.1
四川	53	50	65	6	3	2	4.3	4.1	5.2	502	470	485	59	31	18	40.7	38.2	39.2	90.4	90.3	88.3
贵州	27	24	48	6	3	3	1.0	0.9	1.7	435	470	525	91	51	30	16.7	17.1	18.3	94.4	95.0	91.5
云南	63	57	115	8	5	6	2.7	2.6	5.4	521	510	489	66	42	24	22.6	23.0	22.8	89.3	89.8	80.9
陕西	95	114	86	10	6	2	3.5	4.2	3.2	353	273	338	39	15	10	12.9	10.1	12.7	78.7	70.6	79.9
甘肃	204	204	173	28	17	9	5.2	5.2	4.5	368	339	398	51	28	20	9.3	8.6	10.3	64.1	62.3	69.6
青海	86	94	137	9	6	5	0.5	0.5	0.8	262	276	292	28	17	10	1.4	1.5	1.7	73.7	75.0	68.0
宁夏	521	600	439	54	35	13	3.0	3.7	2.8	444	279	392	46	16	12	2.5	1.7	2.5	45.5	31.5	47.2
新疆	924	1010	1130	74	52	37	17.6	21.2	25.2	160	135	210	13	7	7	3.0	2.8	4.7	14.6	11.7	15.7
平均	140	161	151	11.9	7.9	4.5	4.8	5.8	5.5	447	396	421	41.9	21.6	13.6	20.0	18.1	19.5	76.4	71.4	74.2

3.2.2 水-经济关系分析

通过比较用水强度（WI，即每单位 GDP 的水足迹）和绿水足迹占总水足迹的比例（GWFP）这两个指标的变化，可以得出四种类型的水-经济关系，并以此来描述绿水足迹和蓝水足迹之间的替代关系。基本上，WI 是代表水资源利用效率的指标，GWFP 则表示绿水在粮食生产中的作用。因此，基于 WI 和 GWFP 的去耦合指数可以表示水-经济关系与绿水足迹和蓝水足迹之间的动态替换。理论上，水-经济关系和动态替换可以分为四种类型（表3-4）。

表 3-4 水-经济关系耦合指标

项目	低水平	高水平
去耦合（WI下降）	低水平去耦合：WI 和 GWFP 都有所下降。用水效率的提高伴随着绿水在总水足迹中所占份额的下降。虽然提高用水效率是可取的，但增加对蓝水的依赖并不可取	高水平去耦合：WI 减少但 GWFP 增加。用水效率提高，且绿水足迹在总量中占更大的比例。因为绿水的比较优势和对环境的副作用通常小于蓝水，所以这种转移是环境友好的
耦合（WI上升）	低水平耦合：WI 和 GWFP 均增加。情况不好，但好于 WI 增加而 GWFP 减少的情况	高水平耦合：WI 增加，但 GWFP 减少。用水效率随着对蓝水的依赖程度增加而恶化，导致蓝水压力加剧，这是不可取的

3.2.3 水足迹及水-经济关系

生产端的蓝水足迹从 2002 年的 1430 亿 m^3 增加到 2007 年的 1739 亿 m^3，然后在 2012 年减少到 1663 亿 m^3，在研究期平均值为 1610 亿 m^3（表3-3）。与之相反，2002~2007 年，中国的绿水足迹从 5987 亿 m^3 减少到 5433 亿 m^3，然后在 2012 年增加到 5845 亿 m^3，平均值为 5755 亿 m^3。总体而言，水足迹总量（蓝水足迹和绿水足迹之和）从 2002 年的 7417 亿 m^3 减少到 2007 年的 7172 亿 m^3，然后在 2012 年增加到 7508 亿 m^3；蓝水足迹约占绿水足迹的 1/3，在研究期内，绿水足迹的平均比例约为 74%。

图 3-1 显示 2002~2007 年各省份水-经济关系呈现低水平去耦合趋势（表 3-4）和 2007~2012 年呈现高水平去耦合趋势。考虑到用绿水代替蓝水的环境效益，这一趋势是可观的。2002~2007 年只有 5 个省份（黑龙江、吉林、江西、贵州和云南）有着高水平去耦合趋势[图 3-1（a）和表 3-4]，2007 年后，这一数字增加到了 19 个，并且进入这一类别的新省份大多位于北方缺水地区。表 3-3 展示了 30 个省份中的 20 个省份的绿水足迹和蓝水足迹之间替代的更多年度动态信息。研究结果表明，在这些省份，随着时间的推移，

绿水可以在不同程度上取代蓝水的功能。然而，绿水足迹在其余省份（江苏、浙江、安徽等）的持续减少，则暗示这些地区绿水利用的相对重要性在逐步变小。

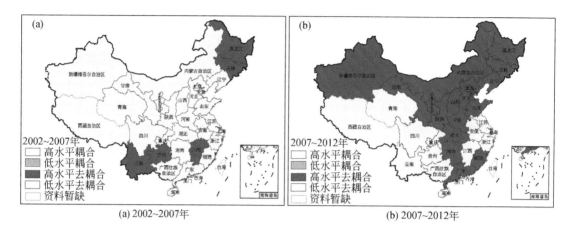

(a) 2002~2007年　　　　　　　　　(b) 2007~2012年

图 3-1　水–经济关系和 2002~2012 年省级水平的蓝水足迹和绿水足迹间的替代

3.2.4　我国各省份人均水足迹

全国人均蓝水足迹[图 3-2（a）~（c），表 3-3]从 2002 年的 140m³ 增加到 2012 年的 151m³，但同期单位 GDP 的蓝水足迹（按 2010 年固定价格计算）从 11.9m³/1000 元下降到 4.5m³/1000 元。人均蓝水足迹和单位 GDP 蓝水足迹较大的省份主要位于社会经济发展水平相对较低、人口密度较低的西部地区（如新疆、宁夏、内蒙古），而数值较小的省份大多位于社会经济水平发展较高、人口较稠密的地区（如上海、北京、天津）。西部地区主要生产水密集型产品，如无论是绝对值，还是单位人口和 GDP 的水足迹，新疆的蓝水足迹都是最大的，主要原因为新疆是中国棉花种植的主要省份之一，2012 年新疆棉花产量占全国棉花总产量的 51.8%。该地区 2012 年单位 GDP 蓝水足迹为 37m³/1000 元，约为全国平均水平（Average）的 12 倍。相比之下，上海通常生产水强度低的产品，单位 GDP 蓝水足迹为 0.4m³/1000 元，仅为全国平均水平的 1/8。

全国人均绿水足迹从 2002 年的 447m³ 下降到 2012 年的 421m³[图 3-2（d）~（f），表 3-3]。同期单位 GDP 的绿水足迹也从 41.9m³/1000 元下降到 13.6m³/1000 元。在水资源丰富的省份，如江西、湖南和广西，以及人口密度较低的地区，如黑龙江和贵州，单位 GDP 的绿水足迹比较大。相比之下，由于粮食生产在当地经济中的份额较小，绿水足迹比较小的省份主要集中在北京、天津、上海和新疆等区域。这些地区降水量较少，因此，农业生产主要依赖灌溉，或者兼而有之。例如，2012 年北京和天津的人均绿水足迹最小，分别为 34m³ 和 76m³，这两个城市的主要特点是极度缺水，并且农业 GDP 占总 GDP 的比例很低。

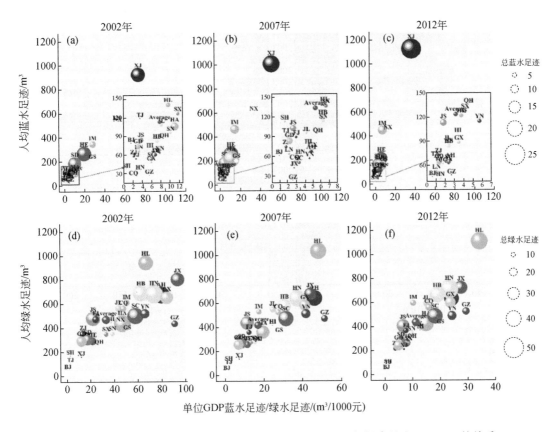

图 3-2 2002~2012 年中国 30 个省份蓝水足迹（BWF）与绿水足迹（GWF）的关系

3.2.5 各部门蓝绿水足迹演变

图 3-3 展示了中国 8 个经济区的不同社会经济部门的蓝水足迹和绿水足迹随时间的变化情况，每一组包含的省份列于表 3-5 中。西北地区的蓝水足迹份额最大，占总数的 27%，其次是华中和华北地区，各占 21%。京津地区的值最小，仅为 21 亿 m³。蓝水足迹在其他经济区的分布相对均匀，比例范围在 6%~8%。农业（即农林牧副渔业）在蓝水足迹总量中占主导地位，但其对总量和占比的贡献均有所下降，从 2002 年的 59% 下降到 2012 年的 40%，同期总量从 840 亿 m³ 下降到 660 亿 m³。食品制造及烟草加工业排名第二，其占总的蓝水足迹的比例从 2002 年的 10% 上升到 2012 年的 20%，绝对蓝水足迹从 146 亿 m³ 增加到 290 亿 m³。尽管其中一部分蓝水足迹已通过供应链转移到其他非农业部门，农业相关商品仍占蓝水消耗量的大部分。非农业部门对蓝水足迹总量的贡献相对较小（<6%），但在一些高度工业化的地区（如中部沿海和南部沿海），这一比例达到了 60%，高出西北地区大约 40%。因此，每个经济区域的经济结构差异带来了蓝水足迹的分布差异。

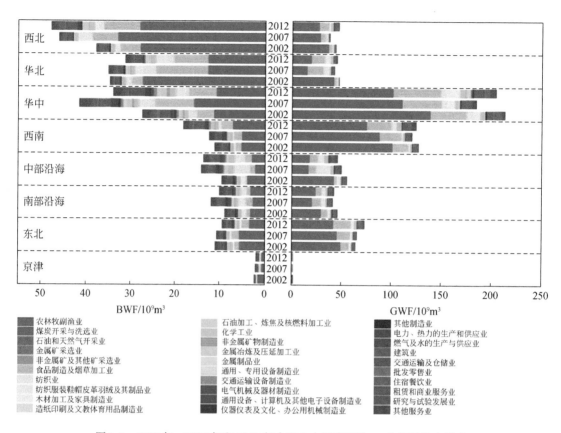

图 3-3 2002年、2007年和2012年中国8个经济区的30个部门的水足迹

表 3-5 经济区分区情况

经济带	省份	简称
京津	北京	BJ
	天津	TJ
华中	山西	SX
	河南	HA
	湖北	HB
	湖南	HN
	安徽	AH
	江西	JX
中部沿海	上海	SH
	江苏	JS
	浙江	ZJ

续表

经济带	省份	简称
华北	河北	HE
	山东	SD
南部沿海	福建	FJ
	广东	GD
	海南	HI
东北	辽宁	LN
	吉林	JL
	黑龙江	HL
西北	内蒙古	IM
	陕西	SN
	甘肃	GS
	青海	QH
	宁夏	NX
	新疆	XJ
西南	广西	GX
	重庆	CQ
	四川	SC
	贵州	GZ
	云南	YN
	西藏	TB

资料来源：Feng 等（2013）、Mi 等（2017）。

图 3-3 还显示了 2002 年、2007 年和 2012 年绿水足迹在地区与部门中的分布情况。正如我们在引言中指出的那样，直接的绿水足迹只源于农业，绿水可以通过供应链重新分配到其他部门。华中地区的绿水足迹占比最大（35%，2010 亿 m³），其次是西南地区（22%，1240 亿 m³），京津地区的最小，仅为 17 亿 m³（占总量的 0.3%）。西北地区是蓝水足迹消耗量最大的地区，却是绿水足迹消耗量第二低的地区，仅为 427 亿 m³（占总量的 7.4%）。农业消耗量仍然最高，但在整个研究期有所下降，由 2002 年占总消耗量的 73% 下降到 2012 年的 52%，农业平均绿水足迹为 3550 亿 m³。食品制造及烟草加工业占比由 2002 年的 13% 提高到 2012 年的 22%，2012 年达到了 1300 亿 m³。在绿水市场中与农业相关的商品仍然是最重要的，占总量的 74% 以上。其他部门在绿水足迹总量中所占的比例低于在蓝水足迹总量中所占的比例，由生产活动引起绿水消耗的途径在 8 个经济区之间没有明显差异。

3.3 水足迹演变驱动机制

3.3.1 水足迹演变驱动力分析方法——结构分解分析法

在利用多区域投入产出技术得到省份经济生产的水足迹后，我们利用结构分解分析法将影响水足迹的因素分解成若干部分。这些驱动因素包括直接耗水强度效应、产业结构效应、最终需求混合效应、人均最终需求效应和人口效应。与指数分解分析法相比，结构分解分析法的优点是能够评价总体一般均衡系统的影响，而不是各个因素的单独变化。结构分解分析法与 IO 模型相结合，已被广泛地用于能源使用（Lan et al., 2016；Su and Ang, 2017；Zhao et al., 2018）、CO_2 排放（Feng et al., 2015；Dong et al., 2018）、大气 $PM_{2.5}$（Guan et al., 2014b）、SO_2（Jiao et al., 2017）和蓝水使用（Fan et al., 2019；Liu et al., 2018；Zhang et al., 2020）的研究中。

为了查明蓝水足迹和绿水足迹的驱动因素，我们需要对式（3-5）进行如下分解：

$$WF = W \cdot L \cdot F = W \cdot L \cdot c \cdot y \cdot p \tag{3-7}$$

式中，W 为生产单位经济产出所需的直接用水量，它反映了技术创新对用水效率的影响（Zhang et al., 2012）；L 为 Leontief 逆矩阵，反映了经济产业结构；F 为最终需求，其细分为三个驱动因素，即 c、y 和 p，其中 $c = \dfrac{y_{rp}^i}{\sum\limits_{i=1}^{n}\sum\limits_{p=1}^{m} y_{rp}^i}$ 为产业部门总的最终需求的 $n \times m$ 矩阵（30×30），代表最终需求的商品结构；y 为各省人均最终需求（30×1）；p 为人口（1×1）；因此，$F = c \times y \times p$。从式（3-6）中我们可以知道，$y_{pp} + \sum\limits_{s \neq p} f_{ps}$ 为当地的最终需求量，e_p 为出口量，然后把它们求和。F 为总的最终需求，因此，我们能够从最终需求中分离出口以评估出口的影响。式（3-7）可被改写成式（3-8）：

$$WF = W \cdot L \cdot F = W \cdot L \cdot (c \cdot y \cdot p + e) \tag{3-8}$$

结构分解分析法的中心思想是水足迹的变化能够被分解为从 0 时刻到 1 时刻的水足迹驱动因素（决定因素）的变化。通过计算两个时间点水足迹的差异，影响水足迹变化的主要因素可以用以下公式进行研究：

$$\begin{aligned}\Delta WF &= \Delta WF^1 - \Delta WF^0 = W^1 \cdot L^1 \cdot (y^1 + e^1) - W^0 \cdot L^0 \cdot (y^0 + e^0) \\ &= W^1 \cdot L^1 \cdot (c^1 \cdot y^1 \cdot p^1 + e^1) - W^0 \cdot L^0 \cdot (c^0 \cdot y^0 \cdot p^0 + e^0)\end{aligned} \tag{3-9}$$

随后，水足迹的变化（ΔWF）被分解为以下六部分：

$$\Delta WF = \Delta dW + \Delta dL + \Delta dC + \Delta dY + \Delta dP + \Delta dE \tag{3-10}$$

式中，ΔdW 是技术进步的直接耗水强度效应，ΔdW 将随时间变化，由耗水量和经济产出的变化决定；ΔdL 是产业结构效应，代表着中国经济结构的变化；ΔdC 是反映人类消费结构或消费方式变化的最终需求混合效应；ΔdY 是人均最终需求水平（富裕效应）；ΔdP 是人口效应；ΔdE 是出口效应。每一个变量在其他变量不变的情况下，代表该驱动因素对水足迹变化的贡献量。

在研究资源绝对变化的案例中，加法分解更易于理解，因此，大多数研究者都选择加法分解来代替乘法分解。在相关综述研究中，一些学者已经描述了乘法分解的问题（Su and Ang，2012；Hoekstra and Van den Bergh，2003）。不同的分解方法有不同的结果，本模型中的六个驱动因素有 6! =720 个分解结果。Su 和 Ang（2012）总结了四种结构分解分析方法并比较了它们的优缺点。

本书沿用了之前研究中的方法，并采用了两极分解法的平均值（Malik and Lan，2016；Dietzenbacher and Los，1998）。此方法首先更改第一个变量，同时保持其他变量不变，依此类推，直到分解第六个变量，从而获得第一个极坐标形式。然后我们通过反向重复这个过程来推导出第二个极坐标形式（即首先改变第六个变量，同时保持其他变量不变，依此类推，直到第一个变量为止）。最后我们求两个极坐标形式的算术平均值以获得最终的结构分解分析结果，公式如下：

$$\Delta dW = \frac{1}{2}[(W^1-W^0) \cdot L^0 \cdot (c^0 \cdot y^0 \cdot p^0 + e^0) + (W^1-W^0) \cdot L^1 \cdot (c^1 \cdot y^1 \cdot p^1 + e^1)] \tag{3-11}$$

$$\Delta dL = \frac{1}{2}[W^1 \cdot (L^1-L^0) \cdot (c^0 \cdot y^0 \cdot p^0 + e^0) + W^0 \cdot (L^1-L^0) \cdot (c^1 \cdot y^1 \cdot p^1 + e^1)] \tag{3-12}$$

$$\Delta dC = \frac{1}{2}[W^1 \cdot L^1 \cdot (c^1-c^0) \cdot y^0 \cdot p^0 + W^0 \cdot L^0 \cdot (c^1-c^0) \cdot y^1 \cdot p^1] \tag{3-13}$$

$$\Delta dY = \frac{1}{2}[W^1 \cdot L^1 \cdot c^1 \cdot (y^1-y^0) \cdot p^0 + W^0 \cdot L^0 \cdot c^0 \cdot (y^1-y^0) \cdot p^1] \tag{3-14}$$

$$\Delta dP = \frac{1}{2}[W^1 \cdot L^1 \cdot c^1 \cdot y^1 \cdot (p^1-p^0) + W^0 \cdot L^0 \cdot c^0 \cdot y^0 \cdot (p^1-p^0)] \tag{3-15}$$

$$\Delta dE = \frac{1}{2}[W^1 \cdot L^1 \cdot (e^1-e^0) + W^0 \cdot L^0 \cdot (e^1-e^0)] \tag{3-16}$$

3.3.2 区域蓝绿水足迹演变及各驱动因素的贡献量

2002~2012 年，国产产品包含的蓝水足迹从 1430 亿 m³ 增加到 1663 亿 m³。2002~2007 年，中国的蓝水足迹增长了 21.7%。尽管 2007~2012 年耗水量下降了 4.3%，但 2012 年的蓝水足迹仍高于 2002 年 [图 3-4（a）]。2002~2007 年，除东北地区和京津地区外，所有地区的蓝水消耗量都出现了增长，其中华中和西北地区的增长最大。2007~2012年，除西北和西南地区外，所有地区的蓝水足迹都有所下降。总体而言，对蓝水足迹增长贡献最大的地区主要在中国西部。2002~2012年，西北和西南地区的蓝水足迹分别增加了99亿 m³ 和71亿 m³。然而，华北地区导致中国的蓝水足迹减少了34亿 m³。

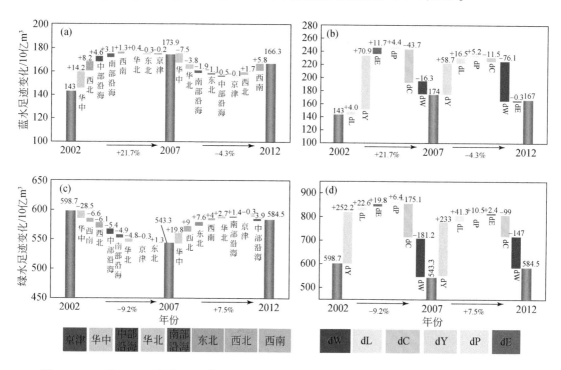

图3-4 2002年、2007年和2012年（a，b）蓝水足迹和（c，d）绿色水足迹的变化：（a，c）中国八个地区的变化；（b，d）关键驱动因素的部分

2002~2012年，中国蓝水足迹增长的主要原因是人均最终需求（dY）和产业结构（dL）的调整。然而，直接用水强度（dW）的降低和最终需求结构（dC）的变化是推动中国蓝水足迹下降的两个关键因素［图3-4（b）］。在保持所有其他因素不变的情况下，人均最终需求的增长将使2002~2007年和2007~2012年的蓝水足迹增加709亿 m³（净增加309亿 m³ 的2.29倍）和587亿 m³（净减少76亿 m³ 的7.72倍）。2002~2007年，最终需求结构（dC）的变化是中国蓝水足迹减少的最主要因素，蓝水足迹减少了437亿 m³（净增加的-1.51倍），其次是直接用水强度（dW）。然而，2007~2012年，直接用水强度（dW）超过了最终需求结构（dC），成为降低蓝水足迹的最主要驱动因素。直接用水强度和最终需求结构分别减少蓝水足迹761亿 m³（净减少的10.01倍）和115亿 m³（净减少的1.51倍）。出口（dE）和人口（dP）对2007~2012年蓝水足迹在全国尺度上变化的影响有限。

中国的绿水足迹从 2002 年的 5987 亿 m³ 下降到 2012 年的 5845 亿 m³。2002~2007 年下降了 9.2%，尽管 2007~2012 年增长了 7.6%，但仍然没有回到 2002 年的水平 [图 3-4（c）]。2002~2007 年，除东北地区外，其他地区的绿水足迹均呈下降趋势。华中、西南和西北地区对这一下降趋势的贡献最大。2007~2012 年，除中部沿海地区外，所有地区的绿水足迹都有所增加。总体而言，对绿水足迹减少贡献最大的地区是华中地区和中部沿海地区，2002~2012 年，这两个地区的绿水足迹分别减少了 87 亿 m³ 和 93 亿 m³。但是，东北和西北地区对绿水足迹增加的贡献很大，总共增加了 118 亿 m³。

在 2002~2012 年中国绿水足迹减少的驱动力中，直接用水强度（dW）和最终需求结构（dC）的变化影响最显著，但人均最终需求（dY）和产业结构（dL）对增长的贡献也很大 [图 3-4（d）]。2002~2012 年，直接用水强度（dW）对降低中国的绿水足迹的影响最大，其次是最终需求结构（dC），在保持所有其他因素不变的情况下，2002~2007 年，直接用水强度（dW）和最终需求结构（dC）使绿水足迹减少了 3563 亿 m³（净减少的 6.43 倍），2007~2012 年减少了 2460 亿 m³（净增加的 5.97 倍）。2002~2007 年，人均最终需求的增长使绿水足迹总量增加了 2522 亿 m³（净减少的 -4.55 倍），2007~2012 年，增加了 2330 亿 m³（净增加的 -5.66 倍）。然而，自 2007 年以来出口（dE）和人口（dP）对全国的绿水足迹变化的影响有限，显示出与蓝水足迹相似的趋势 [图 3-4（b）]。

3.3.3　驱动因素对省级蓝水足迹演变的贡献

图 3-5 和表 3-6 概括了 2002~2012 年省级蓝水足迹变化的驱动因素。在此研究期间，中国的蓝水足迹增加了 230 亿 m³。经济水平的提高（人均最终需求，dY）是蓝水足迹增长的最主要驱动力，这与国家尺度的结果相似。经济水平增加的影响体现在所有省份，特别是一些北部和中部省份，如重庆（占实际净变化率的 +6.6%，15.4 亿 m³）、河南（+171%，173.4 亿 m³）和内蒙古（+146%，120.2 亿 m³）。在所有其他变量不变的情况下，上海的平均值最低，为 +1.3%（2.9 亿 m³），其次是吉林（+3.7%，8.9 亿 m³）。最大贡献率与最小贡献率达到 7:1。除中部和南部一些省份（如安徽、河南、湖南）外，其他三个驱动因素（dE、dP、dL）对蓝水足迹也有积极影响。直接用水强度（dW）的降低在一定程度上抵消了这种增加，特别是上海（-5.7%，-13.4 亿 m³）、陕西（-19.8%，-46.4 亿 m³）、宁夏（-16.2%，-37.9 亿 m³）和湖北（-24.7%，-57.7 亿 m³）。贡献率较小的是云南（-11.8%，-4.3 亿 m³）、吉林（-2.0%，-4.7 亿 m³）和重庆（-9.8%，-2.3 亿 m³）。除甘肃、宁夏、黑龙江和上海外，最终需求结构的变化也是蓝水足迹下降的原因之一。总而言之，就蓝水足迹变化的驱动力的贡献而言，不同省份间存在着明显的地区差异。

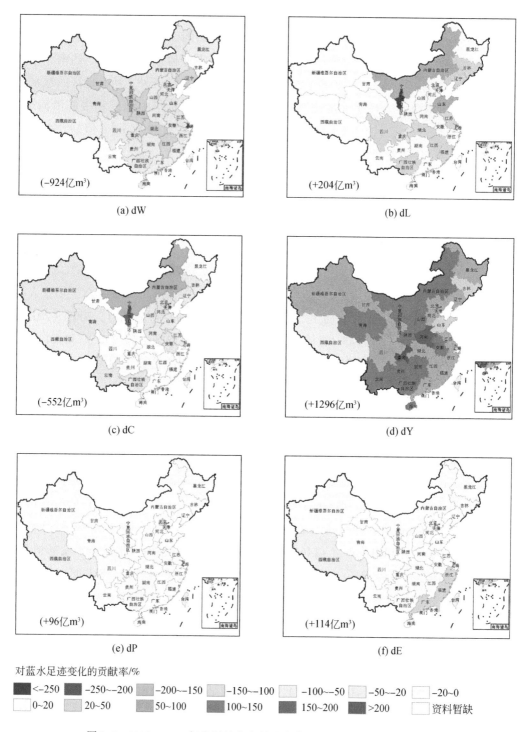

图 3-5 2002~2012 年省级的蓝水足迹变化驱动因素的结构分解分析

第 3 章 | 中国水足迹时空演变及驱动机制

表 3-6 蓝水足迹的结构分解分析结果

(单位: 10 亿 m³)

省份	2002~2007年							2007~2012年							2002~2012年						
	dW	dL	dC	dY	dP	dE	小计	dW	dL	dC	dY	dP	dE	小计	dW	dL	dC	dY	dP	dE	合计
北京	-0.21	0.12	-0.69	0.48	0.15	0.07	-0.08	-0.25	-0.38	0.14	0.26	0.17	-0.02	-0.06	-0.47	-0.27	-0.56	0.74	0.32	0.06	-0.18
天津	-0.62	0.15	-0.70	0.79	0.10	0.14	-0.14	-0.03	-0.03	-0.38	0.29	0.20	-0.10	-0.05	-0.66	0.12	-1.08	1.07	0.30	0.03	-0.22
河北	-2.75	0.60	-9.72	11.22	0.53	0.19	0.07	-7.23	2.15	1.54	0.40	0.77	0.07	-2.37	-9.98	2.74	-8.18	11.62	1.30	0.27	-2.23
山西	-0.15	-0.42	-2.69	3.48	0.12	0.15	0.49	-3.07	-0.26	0.93	2.15	0.27	-0.04	0.02	-3.22	-0.67	-1.77	5.62	0.39	0.11	0.46
内蒙古	1.88	2.28	-7.70	6.43	0.18	0.03	3.10	-3.99	2.57	-5.04	5.58	0.25	0.51	-0.63	-2.11	4.85	-12.73	12.02	0.43	0.53	2.99
辽宁	-1.47	0.36	-0.47	1.32	0.05	0.18	-0.03	-1.59	0.42	-0.33	1.08	0.04	-0.02	-0.38	-3.06	0.79	-0.81	2.40	0.10	0.16	-0.42
吉林	0.69	-0.16	-1.47	0.62	0.03	-0.01	-0.30	-1.16	1.13	-0.33	0.24	0.02	-0.04	-0.10	-0.47	0.97	-1.79	0.86	0.05	-0.06	-0.44
浙江	-2.63	0.52	-0.08	2.01	0.01	0.16	-0.01	-2.50	-0.14	0.49	1.57	0.14	-0.09	-0.57	-5.13	0.38	0.41	3.59	0.03	0.07	-0.65
上海	0.96	0.10	-0.04	0.10	0.18	0.41	1.71	-2.30	0.13	0.27	0.19	0.01	-0.11	-1.57	-1.34	0.23	0.23	0.29	0.32	0.30	0.03
江苏	-0.71	2.16	-3.47	2.14	0.24	1.41	1.77	-1.73	-0.09	-0.35	3.48	0.17	-0.45	1.48	-2.44	2.07	-3.82	5.63	0.40	0.96	2.80
浙江	0.28	-0.92	-0.59	1.27	0.18	0.87	1.09	-1.27	0.61	0.23	0.45	0.16	-0.03	0.18	-0.99	-0.31	-0.36	1.72	0.34	0.84	1.24
安徽	-0.79	-0.12	-0.99	2.21	-0.02	0.13	0.42	-2.47	0.04	-0.43	2.78	-0.08	0.05	-0.16	-3.27	-0.07	-1.41	4.99	-0.10	0.18	0.32
福建	0.60	0.33	-0.33	0.34	0.08	0.33	1.35	-2.23	0.23	0.06	0.83	0.08	0.16	-1.03	-1.62	0.56	-0.27	1.17	0.15	0.48	0.47
江西	-2.25	0.39	-0.35	1.35	0.07	0.09	-0.70	-0.36	0.22	-0.09	1.09	0.06	0.04	0.92	-2.61	0.61	-0.44	2.44	0.13	0.13	0.26
山东	-5.92	12.08	-12.35	4.21	0.45	1.81	0.28	-5.58	0.39	-1.01	3.74	0.42	0.58	-2.04	-11.50	12.47	-13.36	7.95	0.87	2.39	-1.18
河南	5.44	-1.34	-3.07	9.26	-0.40	0.34	10.23	-10.92	-0.65	-2.35	8.08	0.08	0.24	-5.76	-5.49	-1.99	-5.42	17.34	-0.32	0.58	4.70

续表

省份	2002~2007年							2007~2012年							2002~2012年						
	dW	dL	dC	dY	dP	dE	小计	dW	dL	dC	dY	dP	dE	小计	dW	dL	dC	dY	dP	dE	合计
湖北	-0.04	0.12	0.69	1.17	0.03	0.16	2.13	-5.73	1.53	-0.54	2.51	0.07	0.27	-2.16	-5.77	1.65	0.14	3.69	0.10	0.43	0.24
湖南	0.44	-0.33	-0.02	1.52	-0.12	0.07	1.56	-2.64	0.27	-0.17	1.51	0.12	-0.01	-0.91	-2.19	-0.06	-0.19	3.03	0.00	0.07	0.66
广东	-1.18	-1.20	-1.15	2.78	0.48	1.87	1.60	-3.34	0.42	0.25	0.98	0.51	-0.06	-1.18	-4.51	-0.78	-0.90	3.75	0.99	1.81	0.36
广西	-0.37	0.17	-0.24	1.47	-0.03	0.08	1.08	-0.66	0.42	-0.35	1.37	-0.06	0.05	0.72	-1.03	0.58	-0.59	2.83	-0.09	0.13	1.83
海南	-0.12	0.15	-0.08	0.11	0.03	0.01	0.10	-0.12	-0.22	-0.03	0.59	0.04	-0.02	0.26	-0.25	-0.08	-0.11	0.70	0.07	-0.01	0.32
重庆	0.43	-0.08	0.02	0.38	0.00	0.02	0.77	-0.67	-0.08	-0.12	1.17	0.08	-0.05	0.38	-0.23	-0.16	-0.11	1.54	0.08	-0.03	1.09
四川	-1.98	0.08	-0.23	1.83	0.01	0.08	-0.21	-1.23	0.89	-0.48	1.81	-0.02	0.15	0.97	-3.21	0.97	-0.72	3.64	-0.02	0.23	0.89
贵州	-0.78	0.00	-0.01	0.62	-0.05	0.03	-0.19	0.12	0.09	-0.03	0.65	-0.04	0.01	0.79	-0.66	0.09	-0.04	1.27	-0.09	0.04	0.61
云南	-1.38	0.07	-0.23	1.15	0.10	0.10	-0.19	0.95	0.45	-0.71	1.96	0.13	0.02	2.78	-0.43	0.52	-0.94	3.12	0.23	0.12	2.62
陕西	-1.51	-0.82	0.83	2.10	0.05	0.10	0.75	-3.13	0.79	-1.05	2.16	0.04	0.20	-1.19	-4.64	-0.03	-0.21	4.25	0.09	0.31	-0.23
甘肃	-2.03	-0.58	0.18	2.00	0.03	0.44	0.04	-3.17	0.64	0.07	1.88	0.05	-0.20	-0.53	-5.20	0.06	0.25	3.88	0.08	0.23	-0.70
青海	-0.17	0.02	-0.04	0.23	0.02	0.01	0.07	-0.05	0.04	-0.05	0.27	0.02	0.02	0.23	-0.22	0.06	-0.09	0.50	0.04	0.03	0.32
宁夏	-1.47	-6.02	5.26	2.35	0.20	0.36	0.68	-2.32	0.08	-0.61	1.76	0.17	0.09	-0.92	-3.79	-5.94	4.65	4.11	0.37	0.45	-0.15
新疆	1.53	-3.74	-3.94	5.91	1.70	2.08	3.54	-7.41	4.80	-1.02	7.89	1.32	-1.48	5.58	-5.88	1.05	-4.96	13.80	3.02	0.60	7.63
平均	-16.28	4.97	-43.67	70.85	4.4	11.71	31.98	-76.1	16.5	-11.5	58.7	5.2	-0.3	-7.2	-92.4	20.4	-55.2	129.6	9.6	11.4	23.44

3.3.4 驱动因素对省级绿水足迹演变的贡献

图 3-6 和表 3-7 显示了 2002~2012 年由 6 个驱动因素造成省级绿水足迹减少的比例。

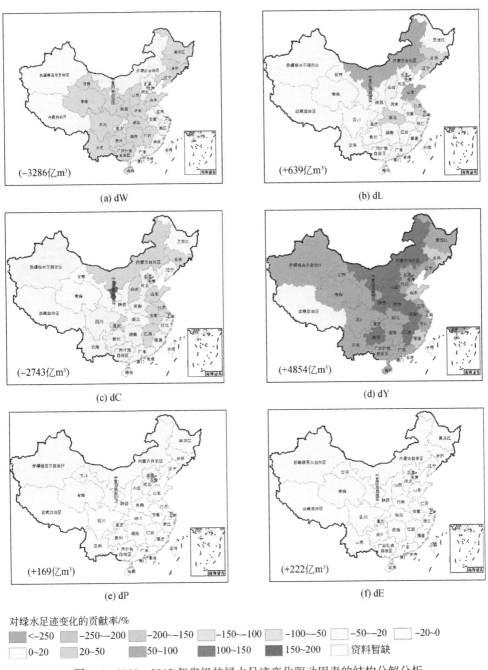

图 3-6 2002~2012 年省级的绿水足迹变化驱动因素的结构分解分析

表 3-7 绿水足迹的结构分解分析结果

(单位：10 亿 m³)

省份	2002~2007 年						2007~2012 年						2002~2012 年					
	dW	dL	dC	dY	dP	dE	小计	dW	dL	dC	dY	dP	dE	小计	dW	dL	dC	dY	dP	dE	合计
北京	-0.09	0.14	-0.60	0.30	0.10	0.00	-0.15	0.10	-0.47	0.17	0.21	0.13	-0.04	0.10	0.01	-0.33	-0.43	0.51	0.22	-0.03	-0.05
天津	-0.55	0.21	-0.79	0.77	0.09	0.09	-0.18	0.49	-0.17	-0.59	0.33	0.21	-0.12	0.15	-0.07	0.04	-1.38	1.10	0.30	-0.03	-0.04
河北	-3.09	0.02	-11.45	11.90	0.55	0.09	-1.98	-3.75	2.38	1.67	0.10	0.87	0.09	1.36	-6.85	2.39	-9.78	12.01	1.42	0.18	-0.63
山西	-1.68	-1.27	-9.51	9.63	0.30	0.18	-2.35	-5.82	-1.09	2.13	4.49	0.55	-0.07	0.19	-7.50	-2.37	-7.37	14.11	0.84	0.11	-2.18
内蒙古	-2.07	3.69	-12.53	8.92	0.25	-0.02	-1.76	-2.58	4.58	-8.17	7.32	0.33	0.52	2.00	-4.64	8.26	-20.70	16.24	0.58	0.50	0.24
辽宁	-6.66	2.40	-3.48	5.35	0.25	0.30	-1.84	-1.13	1.16	-2.99	5.83	0.24	0.10	3.21	-7.79	3.56	-6.47	11.18	0.49	0.41	1.38
吉林	8.01	-0.26	-10.66	2.57	0.17	-0.17	-0.34	-3.16	7.24	-2.97	0.50	0.11	-0.39	1.33	4.85	6.98	-13.63	3.07	0.27	-0.56	0.98
浙江	-10.33	2.36	-5.71	16.10	0.10	0.97	3.49	-20.30	0.28	9.16	14.46	0.10	-0.63	3.07	-30.63	2.64	3.45	30.57	0.21	0.34	6.58
上海	0.01	0.29	-1.42	-0.11	0.43	0.17	-0.63	-0.08	-0.91	0.26	0.36	0.24	-0.25	-0.38	-0.07	-0.62	-1.16	0.25	0.67	-0.08	-1.01
江苏	-3.44	16.66	-29.87	9.45	1.22	4.17	-1.81	-11.46	-0.53	-0.39	12.73	0.61	-2.47	-1.51	-14.90	16.13	-30.26	22.18	1.83	1.70	-3.32
浙江	-1.64	-5.56	-6.20	7.28	0.99	2.15	-2.98	-4.12	-0.70	0.46	1.73	0.63	-0.03	-2.03	-5.75	-6.25	-5.74	9.01	1.62	2.12	-4.99
安徽	-5.02	-0.72	-20.19	22.66	-0.17	1.13	-2.31	-14.02	1.86	-14.56	25.88	-0.79	0.19	-1.44	-19.03	1.14	-34.75	48.54	-0.96	1.32	-3.74
福建	-1.91	0.38	-3.75	0.52	0.50	0.72	-3.54	-2.99	-0.11	-3.00	4.23	0.42	2.12	0.67	-4.90	0.27	-6.75	4.75	0.92	2.85	-2.86
江西	-15.66	-2.24	-6.86	18.75	1.05	0.55	-4.41	-5.05	1.71	-11.48	16.89	0.93	0.00	3.00	-20.70	-0.53	-18.34	35.65	1.98	0.55	-1.39
山东	-11.63	20.72	-21.64	6.60	0.70	2.44	-2.81	-4.11	0.15	-2.10	5.58	0.67	1.12	1.31	-15.74	20.87	-23.74	12.17	1.37	3.56	-1.51
河南	-19.30	-5.20	-10.66	26.52	-0.98	0.98	-8.64	-4.02	-0.23	-7.45	17.74	0.17	0.08	6.29	-23.31	-5.42	-18.11	44.26	-0.81	1.06	-2.33

第3章 中国水足迹时空演变及驱动机制

续表

省份	2002~2007年							2007~2012年							2002~2012年						
	dW	dL	dC	dY	dP	dE	小计	dW	dL	dC	dY	dP	dE	小计	dW	dL	dC	dY	dP	dE	合计
湖北	-20.19	3.11	2.50	7.75	0.17	0.51	-6.15	-10.27	5.60	-5.79	14.42	0.49	0.78	5.23	-30.46	8.72	-3.29	22.17	0.66	1.30	-0.90
湖南	-20.47	-2.35	-2.81	22.53	-1.78	0.20	-4.68	-8.98	5.40	-13.33	21.54	1.89	-0.03	6.49	-29.45	3.05	-16.14	44.07	0.10	0.17	1.80
广东	-5.99	-3.91	-6.24	10.86	1.89	2.14	-1.25	-2.40	-1.47	-1.54	4.38	1.95	0.00	0.92	-8.39	-5.38	-7.79	15.24	3.84	2.14	-0.34
广西	-13.77	-0.06	-6.63	16.55	-0.33	0.47	-3.77	-6.22	3.90	-6.85	9.63	-0.50	0.43	0.39	-19.99	3.84	-13.47	26.18	-0.82	0.89	-3.37
海南	-1.41	1.23	-0.61	0.63	0.17	-0.08	-0.07	-1.51	-0.95	-0.28	2.41	0.16	-0.05	-0.22	-2.92	0.28	-0.89	3.04	0.33	-0.13	-0.29
重庆	-1.49	0.71	-3.28	2.86	0.01	0.06	-1.13	-4.18	2.34	-6.45	9.52	0.70	-0.24	1.69	-5.66	3.05	-9.73	12.38	0.71	-0.18	0.57
四川	-17.64	3.16	-4.77	16.53	0.08	0.17	-2.47	-8.23	2.58	-10.38	16.78	-0.24	0.46	0.97	-25.86	5.75	-15.16	33.31	-0.16	0.63	-1.49
贵州	-1.50	-2.81	-1.64	7.03	-0.92	0.23	0.39	-6.98	1.91	-3.23	10.02	-0.73	0.21	1.20	-8.49	-0.90	-4.87	17.05	-1.64	0.43	1.58
云南	-6.75	1.52	-3.87	7.97	0.90	0.65	0.42	-9.05	1.54	-5.32	11.64	0.68	0.28	-0.23	-15.81	3.06	-9.19	19.60	1.58	0.93	0.17
陕西	-9.76	-2.90	3.76	5.67	0.14	0.28	-2.81	-4.23	3.23	-4.81	7.38	0.14	0.85	2.56	-13.99	0.33	-1.05	13.05	0.28	1.13	-0.25
甘肃	-3.83	-0.99	-0.08	3.41	0.06	0.76	-0.67	-2.79	1.12	-0.23	3.81	0.11	-0.39	1.63	-6.61	0.12	-0.32	7.22	0.17	0.38	0.96
青海	-0.55	0.10	-0.15	0.65	0.06	0.02	0.13	-0.63	0.11	-0.12	0.68	0.06	0.05	0.15	-1.18	0.22	-0.27	1.33	0.12	0.08	0.30
宁夏	-2.30	-5.24	4.63	1.68	0.13	0.26	-0.84	0.00	0.01	-0.66	1.27	0.13	0.09	0.84	-2.30	-5.23	3.97	2.95	0.26	0.36	0.01
新疆	-0.48	-0.57	-0.61	0.86	0.26	0.33	-0.21	0.01	0.84	-0.33	1.38	0.23	-0.27	1.86	-0.47	0.27	-0.94	2.23	0.49	0.05	1.63
平均	-181.2	22.6	-175.1	252.2	6.4	19.8	-55.35	-147.4	41.3	-99.2	233.2	10.5	2.4	40.8	-328.6	63.9	-274.3	485.4	16.9	22.2	-14.49

中国的绿水足迹下降了144.9亿 m³。除吉林和北京外，所有省份的用水效率提高（dW 的倒数）都对这一下降起到了促进作用。降幅较大的是陕西（-96.5%，-149.9亿 m³）、宁夏（-15.9%，-23亿 m³）、青海（-8.1%，-11.8亿 m³）和黑龙江（-211.4%，-306.3亿 m³），而上海（-0.4%，-0.7亿 m³）、天津（-0.4%，-0.7亿 m³）和新疆（-3.2%，-4.7亿 m³）的降幅要低得多。除宁夏和黑龙江外，最终需求结构（dC）的变化也是这一下降的主要原因。人均最终需求（dY）的增加是绿水足迹增长的最主要驱动力，在所有省份都显示出主导作用。山西（+97.3%，141.1亿 m³）、安徽（+335%，485.4亿 m³）和宁夏（+20.3%，29.5亿 m³）的数值较高。上海最低，为1.7%（+2.5亿 m³），其次是吉林（+21.2%，+30.7亿 m³）。相反，在一些省份（如北京、上海、河南），dL、dE 和 dP 对绿水足迹有消极影响。综上所述，我们的分析表明不同驱动力对绿水足迹变化的贡献也存在明显的地区差异。

3.3.5　蓝绿水替代分析

时间序列的结果表明去耦合趋势正在增长［图3-1和图3-4（a）、（c）］。此外，随着蓝水足迹比例的下降，绿水足迹在国家和区域层面上的比例在上升。这些省级的水-经济关系意味着某些旨在提高水资源效率或节约水资源的政策正在逐步推动蓝绿水足迹的时空变化。此外值得注意的是，这种替代表明蓝水的功能在一定程度上可以被绿水取代。实际上，只要蒸发量没有明显变化，就可以在不改变集水区水文条件的情况下，通过改变土地利用活动来分配绿水。例如，在过去的20年里，华北平原的许多农民逐渐将种植规则从双作（夏玉米+冬小麦）转变为单作（春玉米），以应对日益严重的缺水和农业劳动力成本上升带来的挑战。与此同时，中南部省份（安徽、江苏、湖北、河南等）增加了小麦的种植，以弥补华北平原小麦种植的减少（Zhong et al.，2017，2019）。"春玉米种植地带"的出现和扩张，促进了农业耗水量从灌溉蓝水向雨养绿水的转变（Zeitoun et al.，2010）。中国的统计数据也揭示了类似的结果。据统计，北方省份的雨养玉米面积从2002年的1860万 hm² 增加到2012年的2800万 hm²。随后，节约的蓝水部分被释放出来用于改善生态系统的可持续性，另外一部分则可用于生产非农产品和高价值产品，以提高蓝水的产出。这一发现也为其他面临类似缺水问题的国家或地区如印度、中亚（Varis，2014；Liu et al.，2021）、中东和北非（Varis and Abu-Zeid，2009）提供了启示。它们可以制定激励机制，采取相关政策提高绿水资源的利用率，以最大限度地减少蓝水资源的使用，从而在经济发展的同时实现水资源的可持续性。

考虑到虚拟水含量和绿水足迹在水足迹中的占比，粮食和饲料的生产主要依赖绿水，人类对绿水资源的依赖远远大于蓝水资源。因此，雨养农业对于改善水安全极其重要

(Zeitoun et al.,2010；Schyns et al.,2019）。建议推广较少依赖灌溉的雨养作物，包括春玉米、大豆、土豆或非木材林业作为中国北方缺水地区的有效作物选择（Zhong et al.,2017，2019）。通常，水足迹低的作物具有更高的水分生产率，种植结构调整也可以减少农业部门对灌溉的依赖（Zhao and Chen,2014）。因此，建议在一些北方地区用夏玉米代替一些水稻种植，并用春玉米代替"夏玉米+冬小麦"，以应对不同程度的缺水问题（Meng et al.,2012）。因为用绿水替代蓝水可以促进可持续用水，而反向替代会抑制可持续用水，政策制定者在提出用水战略时应该更多地关注这些替代影响。此外，人类对绿水的侵占将挤压自然生态系统的支持服务，如食物供应、生物多样性、气候调节和其他方面（Costanza et al.,1997），以及人类不断变化的行为（能源消费结构、生活方式和饮食转变等）也将在不久的将来破坏绿水在人类与自然之间的平衡。因此，建议在不超过最大可持续绿水资源使用量的前提下，考虑绿水资源的利用，平衡其在支持生态系统和满足人类基本需求之间的分配，这对于实现水的可持续循环和人类社会的可持续发展具有重要意义。

3.3.6 水足迹演变驱动机制分析

图 3-7 展示了在各省份的水足迹变化中起主导作用的关键驱动因素。直接用水强度（dW）对水足迹的降低效果最好，这与 Zhou 等（2020）、Liu 等（2018）、Huang 等（2017）的研究结论是一致的。这反映了 2002~2012 年农业部门和非农业部门都采用了各种节水技术。事实上，几乎所有行业的用水强度都有所下降，特别是与粮食相关的用水强度较大的行业。近年来，中国已经提出了一系列的节水措施，包括《国家节水行动方案》、大型灌区节水改造、农作物用水定额参考等。同时，不断升级技术和设备来促进用水效率的提高，如基于喷灌或滴灌的灌溉系统已经越来越多地被用于作物灌溉，与传统的大水漫灌相比，这种措施可以节省大量的蓝水。塑料地膜覆盖和保水剂等农艺技术在此期间也被大力推广。这些技术可以显著减少绿水的流失。事实上，这些对农业的水政策干预已经将播种地区节水灌溉技术的比例从 2002 年的 35% 提高到 2012 年的 39%。在非农行业，国家也采取了许多节水措施，如使用冷凝设备回收蒸汽、回收与再利用水。冷却方式的变化也是用水强度降低的原因之一。例如，自 2008 年以来，大型热电厂广泛使用空气或海水冷却技术，极大地降低了单位发电的用水量（Sanders,2015；Zhang C et al.,2017）。所有这些进步都极大地推动了部门用水效率的提高，这表明提高用水效率可以为中国的水足迹减少做出重大贡献。因此，继续提高用水效率以应对未来中国经济的快速增长至关重要。建议未来将提高用水效率作为地方政府和企业的关键绩效指标，将"三条红线""节水型社会发展""水量定额管理"等水政策纳入城市治理的量化考核。此外，要更多地关注欠发达地区，以及水强度高的重点行业，可能的措施包括先进地区的技术转让和增加基础

设施升级投资。此外，最终需求结构（dC）的变化已经超过了直接用水强度（dW），成为推动多个省份（如北京、天津、山东）水足迹下降的最重要因素。这可能反映出随着生活水平的提高，服务和高科技产品（比传统消费品耗水量低得多）在消费者总支出（消费）中的份额显著增加，并且消费支出结构的这种变化有助于减少这些地区的水足迹（Cai et al.，2016）。

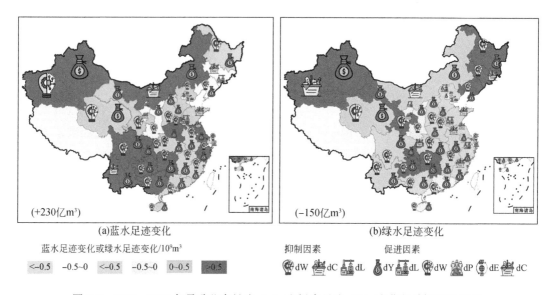

图 3-7　2002~2012 年导致蓝水足迹（a）和绿水足迹（b）变化的关键驱动因素

日益增长的人均最终需求（dY）是推动 2002~2012 年水足迹上涨的最关键驱动因素。人均最终需求增长意味着人均收入和消费水平的提高，这是由前所未有的城镇化进程和农村人口向城市地区的大规模迁移推动的，目的是在城市地区从事工业和服务行业来寻求更高的收入（Liu et al.，2017）。消费者倾向于随着可支配收入的增加而增加消费支出，这在中国这样的发展中国家尤其明显。更富裕的人消费更多的产品，这反过来又提高了这些产品的生产和使用过程中的耗水量，并对淡水资源施加了更大的压力。然而，当人均最终需求达到临界消费水平时（Cavlovic et al.，2000），环境压力与需求之间将出现倒 U 形曲线（也称为环境库兹涅茨曲线），在此之后，水消耗将因效率的提高而从经济增长中受益。虽然中国还没有达到这一转折点，但在研究期间，水足迹的增长速度远远低于需求水平，这表明中国在提高水分生产率方面做出了很大努力（Zhao and Chen，2014）。鉴于人均最终需求程度的提高对耗水量有很大的影响，提倡使用低用水强度的产品，并增加材料的回收利用。

此外，为了消除 2008 年全球金融危机对中国经济的负面冲击，中央政府实施了 4 万亿元的刺激计划。这一计划扩大了国内需求，从而增加了 2007 年后更大比例的水足迹。中国于 2002 年加入世界贸易组织（World Trade Organization，WTO），这为其他世界贸易组织成员提供了更大的市场。关税壁垒大幅降低，贸易和外商直接投资限制基本取消，贸易促进措施在世界贸易组织规则下落实。中国日益融入全球市场促进了中国的出口，这导致到 2007 年由出口引发的世界贸易流动显著增加。2008 年全球金融危机导致中国出口额在 2008~2012 年下降了 3.6%，进而导致出口引发的水足迹适度下降。此外，自金融危机以来，高价值产品和服务在中国出口总额中的比例有所上升，这一变化进一步增加了水足迹出口量。

研究结果表明，消费模式的改变也抵消了水资源紧缺的影响，表明与食品有关的支出占总支出的比例随着时间的推移呈下降趋势，消费者的消费偏好正在从高用水强度的基本生活必需品转向用水强度较低的高价值商品，这种转变在一定程度上缓解了有限水资源的压力。这一研究结果还表明，有必要通过改变消费者的行为和结构来促进节水。引导个人合理估计其消费产品在供应链上的耗水量，倾向于购买节水产品，并提高他们作为最终消费者的节水意识至关重要（Fan et al.，2019；Gao et al.，2021）。一些简单的事情，如使用节水型厕所，洗澡 5min 而不是 10min，以及为每种商品贴上水标签都会有所帮助。更有效的结构调整是少吃红色肉类和大米，因为红色肉类是最耗水的蛋白质食物，大米是最耗水的主食。

此外，虽然全国范围内产业结构的变化导致了水足迹的增加，但这种变化减少了几个省份的水足迹（如北京、天津、江苏）（图 3-5~图 3-7，表 3-6 和表 3-7）。这种特殊的效果是因为这些省份的生产方式已经改变，如改进加工工艺，更少的水密集型行业、加快产业结构调整，限制高耗水、低效率行业等。统计结果表明，这些省份的水密集型农业在 GDP 中的占比已经从 2002 年的 10% 下降到 2012 年的 7%；同时，其他制造业的 GDP 占比从 2002 年的 90% 上升到 2012 年的 93%。这些发达地区已经成为农业相关产品的输入区域，而且输入量正在增加（Feng et al.，2014；Zhao et al.，2015）。这一发现意味着，在未来如果个别部门的直接耗水强度达到极限，那么调整产业结构将是减少缺水地区水资源消耗的一个可行的战略。

参 考 文 献

白雪，胡梦婷，朱春雁，等.2016. 基于 ISO 14046 的工业产品水足迹评价研究——以电缆为例. 生态学报，36（22）：7.

曹连海，吴普特，赵西宁，等.2014. 内蒙古河套灌区粮食生产灰水足迹评价. 农业工程学报，30（1）：10.

程国栋，赵文智.2006. 绿水及其研究进展. 地球科学进展，3：221-227.

程玉菲，王根绪，席海洋，等.2007. 近 35a 来黑河干流中游平原区陆面蒸散发的变化研究. 冰川冻土，29：406-413.

杜玲, 王猛, 刘曦, 等. 2017. 河北平原区农作物种植水资源压力指数评价. 中国农业大学学报, (7): 1-9.

盖力强, 谢高地, 李士美, 等. 2010. 华北平原小麦、玉米作物生产水足迹的研究. 资源科学, (11): 6.

国家信息中心, 王长胜. 2005. 中国区域间投入产出表. 北京: 社会科学文献出版社.

韩杰, 陈兴鹏. 2017. 基于水足迹的民勤县农作物耗水当量与气候响应评估. 干旱地区农业研究, 35 (6): 216-226.

胡彬, 刘俊国, 赵丹丹, 等. 2017. 基于水足迹理念的水资源短缺评价. 灌溉排水学报, 36: 108-115.

黄强, 张泽中, 王宽, 等. 2008. 改进污径比计算方法及应用. 安全与环境学报, 8: 37-39.

金晓媚, 梁继运. 2009. 黑河中游地区区域蒸散量的时间变化规律及其影响因素. 干旱区资源与环境, 23: 88-93.

李家叶, 李铁键, 王光谦, 等. 2018. 空中水资源及其降水转化分析. 科学通报, 63: 2785-2796.

李宁, 张建清, 王磊. 2017. 基于水足迹法的长江中游城市群水资源利用与经济协调发展脱钩分析. 中国人口·资源与环境, 27 (11): 7.

李小雁. 2008. 流域绿水研究的关键科学问题. 地球科学进展, 7: 707-712.

梅瑞特S, 江莉. 2005. 水需求的几种解释. 水利水电快报, 26 (1): 3.

彭岳津, 黄永基, 郭孟卓. 1996. 全国主要缺水城市缺水程度和缺水类型的模糊多因素多层次综合评价法. 水利规划与设计, 4: 20-24.

邱国玉. 2008. 陆地生态系统中的绿水资源及其评价方法. 地球科学进展, 7: 713-722.

史利洁, 吴普特, 王玉宝, 等. 2015. 基于作物生产水足迹的陕西省水资源压力评价. 中国生态农业学报, 23 (5): 650-658.

孙才志, 陈丽新, 刘玉玉. 2010. 中国农作物绿水占用指数估算及时空差异分析. 水科学进展, 21 (5): 637-643.

田辉, 文军, 马耀明, 等. 2009. 夏季黑河流域蒸散发量卫星遥感估算研究. 水科学进展, 20: 18-24.

田园宏, 诸大建, 王欢明, 等. 2013. 中国主要粮食作物的水足迹值: 1978-2010. 中国人口·资源与环境, 23 (6): 7.

童绍玉, 周振宇, 彭海英. 2016. 中国水资源短缺的空间格局及缺水类型. 生态经济, 32: 168-173.

王博, 汤洁, 侯克怡. 2014. 基于ESDA的流域水足迹强度时空格局特征解析. 统计与决策, (23): 4.

王浩. 2010. 水电开发与水资源安全——以金沙江龙头水库为例. 2009年中国水电可持续发展高峰论坛.

王浩, 秦大庸, 陈晓军, 等. 2004. 水资源评价准则及其计算口径. 中国水利学会2003年学术年会论文集.

王建华, 肖伟华, 王浩, 等. 2013. 变化环境下河流水量水质联合模拟与评价. 科学通报, 58: 1101-1108.

王雅洁, 刘俊国, 赵丹丹. 2018. 基于水足迹理论的水资源评价——以河北省张家口市宣化区为例. 水土保持通报, 38: 213-219.

温志群, 杨胜天, 宋文龙, 等. 2010. 典型喀斯特植被类型条件下绿水循环过程数值模拟. 地理研究, 29: 1841-1852.

吴洪涛, 武春友, 郝芳华, 等. 2009. 绿水的多角度评估及其在碧流河上游地区的应用. 资源科学, 3: 420-428.

吴锦奎, 丁永建, 沈永平. 2005. 黑河中游地区湿草地蒸散量试验研究. 冰川冻土, 27: 582-591.

吴普特, 卓拉, 刘艺琳, 等. 2019. 区域主要作物生产实体水-虚拟水耦合流动过程解析与评价. 科学通报, 64: 1953-1966.

夏骋翔. 2006. 水资源短缺的定义及其测度. 水资源保护, 22: 88-91.

夏军, 王中根, 严冬, 等. 2006. 针对地表来用水状况的水量水质联合评价方法. 自然资源学报, 21: 146-153.

夏星辉, 杨志峰, 沈珍瑶, 等. 2005. 从水质水量相结合的角度再论黄河的水资源. 环境科学学报, 25: 595-600.

严岩, 贾佳, 王丽华, 等. 2014. 我国几种典型棉纺织产品的工业水足迹评价. 生态学报, 34 (23): 7119-7126.

杨裕恒, 曹升乐, 付雅君, 等. 2017. 基于农作物水足迹的济南市农业用水评价. 水资源与水工程学报, 28 (3): 6.

尹婷婷, 李恩超, 侯红娟. 2012. 钢铁工业产品水足迹研究. 宝钢技术, (3): 25-28.

油惠仙, 李智伟, 王芳, 等. 2014. 产业链的化工产品水足迹核算分析. 计算机与应用化学, 31 (12): 3.

臧传富. 2013. 黑河流域蓝绿水时空变化研究. 北京: 北京林业大学.

张楠, 李春晖, 杨志峰, 等. 2017. 基于灰水足迹理论的河北省水资源评价. 北京师范大学学报 (自然科学版), 53: 75-79.

张晓岚, 刘昌明, 高媛媛, 等. 2011. 水资源安全若干问题研究. 中国农村水利水电, 1: 9-13.

赵春芳. 2017. 基于水足迹理论的浙江省水资源可持续利用研究. 宁波: 宁波大学.

赵微. 2011. 土地整理对区域蓝绿水资源配置的影响. 中国人口·资源与环境, 21: 44-49.

钟华平, 刘恒, 耿雷华, 等. 2006. 河道内生态需水估算方法及其评述. 水科学进展, (3): 430-434.

钟文婷, 张军, 蔡立群, 等. 2015. 疏勒河流域 2001-2010 年水足迹动态特征及评价. 草原与草坪, 35 (6): 8.

Adamala S. 2017. An overview of big data applications in water resources engineering. Machine Learning Research, 2: 10-18.

Ai P, Yue Z X. 2014. A framework for processing water resources big data and application. Applied Mechanics Materials, 519: 3-8.

Alcamo J, Henrichs T, Rösch T. 2000. World Water in 2025: Global Modeling and Scenario Analysis for the World Commission on Water for the 21st Century. Hessen: University of Kassel.

Aldaya M M, Chapagain A K, Hoekstra A Y, et al. 2012. The Water Footprint Assessment Manual: Setting the Global Standard. London: Routledge.

Cai B, Zhang W, Hubacek K, et al. 2019. Drivers of virtual water flows on regional water scarcity in China. Journal of Cleaner Production, 207: 1112-1122.

Cai Y, Yue W, Xu L, et al. 2016. Sustainable urban water resources management considering life-cycle environmental impacts of water utilization under uncertainty. Resources, Conservation and Recycling, 108: 21-40.

Cavlovic T A, Baker K H, Berrens R P, et al. 2000. A meta-analysis of environmental Kuznets curve studies. Agricultural and Resource Economics Review, 29 (1): 32-42.

Cazcarro I, Duarte R, Sanchez Choliz J. 2013. Multiregional input-output model for the evaluation of Spanish water flows. Environmental Science and Technology, 47 (21): 12275-12283.

Chapagain A K, Hoekstra A Y. 2008. The global component of freshwater demand and supply: an assessment of virtual water flows between nations as a result of trade in agricultural and industrial products. Water International, 33 (1): 19-32.

Chen B, Han M Y, Peng K, et al. 2018. Global land-water nexus: agricultural land and freshwater use embodied in worldwide supply chain. Science of the Total Environment, 613: 931-943.

Chen G Q, Wu X D, Guo J, et al. 2019. Global overview for energy use of the world economy: household-consumption-based accounting based on the world input-output database (WIOD). Energy Economics, 81: 835-847.

Chen J Q, Wang H. 1996. Water Resources Introduction. Beijing: China Water and Power Press.

Connor R. 2015. The United Nations World Water Development Report 2015: water for A Sustainable World. UNESCO Publishing.

Cosgrove W J, Rijsberman F R. 2000. World Water Vision: Making Water Everybody's Business. London: Earthscan Publications Ltd.

Costanza R, Cumberland J H, Daly H, et al. 1997. An Introduction to Ecological Economics. Florida: CRC Press.

Dietz T, Rosa E A. 1994. Rethinking the environmental impacts of population, affluence and technology. Human Ecology Review, 1: 277-300.

Dietzenbacher E, Los B. 1998. Structural decomposition techniques: sense and sensitivity. Economic Systems Research, 10 (4): 307-324.

Dong F, Long R, Yu B, et al. 2018. How can China allocate CO_2 reduction targets at the provincial level considering both equity and efficiency? Evidence from its Copenhagen Accord pledge. Resources, Conservation and Recycling, 130: 31-43.

Donoso M, Di Baldassarre G, Boegh E, et al. 2012. International Hydrological Programme (IHP) Eighth Phase: Water Security: Responses to Local, Regional and Global Challenges. Strategic Plan, IHP-Ⅷ (2014-2021).

Ercin A E, Hoekstra A Y. 2014. Water footprint scenarios for 2050: a global analysis. Environment International, 64: 71-82.

Falkenmark M, Lundqvist J, Widstrand C. 1989. Macro-scale water scarcity requires micro-scale approaches. Nature Resources Forum, 13: 258-267.

Falkenmark M. 1995. Coping with water scarcity under rapid population growth. Conference of SADC Minister, Pretoria, November 23-24.

Falkenmark M, Rockström J. 2006. The new blue and green water paradigm: breaking new ground for water resources planning and management. Journal of Water Resources Planning and Management, 3: 129-132.

Falkenmark M. 2003. Freshwater as shared between society and ecosystems: from divided approaches to integrated challenges. Philosophical Transaction, 358: 2037-2049.

Fan J L, Wang J D, Zhang X, et al. 2019. Exploring the changes and driving forces of water footprints in China from 2002 to 2012: a perspective of final demand. Science of the Total Environment, 650: 1101-1111.

Faramarzi M, Abbaspour K C, Schulin R, et al. 2009. Modelling blue and green water resources availability in Iran. Hyrological Processes, 23: 486-501.

Feng K, Hubacek K. 2015. A multi-region input-output analysis of global virtual water flows//Handbook of Research Methods and Applications in Environmental Studies. Edward Elgar Publishing: 225-246.

Feng K, Chapagain A, Suh S, et al. 2011. Comparison of bottom-up and top-down approaches to calculating the water footprints of nations. Economic Systems Research, 23 (4): 371-385.

Feng K, Hubacek K, Pfister S, et al. 2014. Virtual scarce water in China. Environmental Science and Technology, 48 (14): 7704-7713.

Feng K, Davis S J, Sun L, et al. 2015. Drivers of the US CO_2 emissions 1997—2013. Nature Communications, 6 (1): 1-8.

Feng L, Wu Z, Yu X. 2013. Quorum sensing in water and wastewater treatment biofilms. Journal of Environmental Biology, 34 (2 suppl): 437.

Frischknecht R, Büsser S, Krewitt W. 2009. Environmental assessment of future technologies: How to trim LCA to fit this goal? International Journal of Life Cycle Assessment, 14: 584-588.

Gampe D, Nikulin G, Ludwig R. 2016. Using an ensemble of regional climate models to assess climate change impacts on water scarcity in European river basins. Science of the Total Environment, 573: 1503-1518.

Gao J, Xie P, Zhuo L, et al. 2021. Water footprints of irrigated crop production and meteorological driving factors at multiple temporal scales. Agricultural Water Management, 255: 107014.

Garcia S, Rushforth R, Ruddell B L, et al. 2020. Full domestic supply chains of blue virtual water flows estimated for major US cities. Water Resources Research, 56 (4): e2019WR026190.

Gerbens-Leenes P W, Hoekstra A Y, Bosman R. 2018. The blue and grey water footprint of construction materials: steel, cement and glass. Water Resources and Industry, 19: 1-12.

Gerten D, Hoff H, Bondeau A. 2005. Contemporary green water flows: simulations with a dynamic global vegetation and water balance model. Physics and Chemistry of the Earth, 30: 334-338.

Gerten D, Heinke J, Hoff H, et al. 2011. Global water availability and requirements for future food production. Journal of Hydrometeorology, 12: 885-899.

Gleick P H. 1998. A Look at twenty-first century water resources development. Water International, 25: 127-138.

Godfray H C J, Crute I R, Haddad L, et al. 2010. The future of the global food system. Philosophical Transactions of the Royal Society B: Biological Sciences, 365 (1554): 2769-2777.

Gosling S N, Arnell N W. 2016. A global assessment of the impact of climate change on water scarcity. Climatic Change, 134 (3): 371-385.

Gu Z, Qi Z, Ma L, et al. 2017. Development of an irrigation scheduling software based on model predicted crop water stress. Computers and Electronics in Agriculture, 143: 208-221.

Guan D, Hubacek K. 2007. Assessment of regional trade and virtual water flows in China. Ecological Economics, 61 (1): 159-170.

Guan D, Hubacek K, Tillotson M, et al. 2014a. Lifting China's water spell. Environmental Science and Technology, 48 (19): 11048-11056.

Guan D, Su X, Zhang Q, et al. 2014b. The socioeconomic drivers of China's primary $PM_{2.5}$ emissions. Environmental Research Letters, 9 (2): 024010.

Haghighi E, Madani K, Hoekstra A Y. 2018. The water footprint of water conservation using shade balls in California. Nature Sustainability, 1 (7): 358-360.

Hoekstra A Y. 2003. Virtual water: An introduction. Virtual Water Trade, 13: 108.

Hoekstra A Y. 2008. Water neutral: reducing and offsetting water footprints. Delft, The Netherlands, Unesco-IHE Institute for Water Education.

Hoekstra A Y, Chapagain A K. 2006. Water footprints of nations: water use by people as a function of their consumption pattern. Water Resourc Manage, 21: 35-48.

Hoekstra A Y, Chapagain A K. 2007. The water footprints of Morocco and the Netherlands: Global water use as a result of domestic consumption of agricultural commodities. Ecological Economics, 64 (1): 143-151.

Hoekstra A Y, Chapagain A K, Aldaya M M, et al. 2011. The Water Footprint Assessment Manual: Setting the Global Standard. London: Routledge.

Hoekstra A Y. 2019. The Water Footprint of Modern Consumer Society. London: Routledge Taylor and Francis Group.

Hoekstra A Y, Mekonnen M M. 2011. The Monthly Blue Water Footprint Compared to Blue Water Availability for the World's Major River Basins. Delft: UNESCO-IHE.

Hoekstra A Y, Mekonnen M M. 2012. The water footprint of humanity. PNAS, 109: 3232-3237.

Hoekstra A Y, Mekonnen M M, Chapagain A K, et al. 2012. Global monthly water scarcity: Blue water footprints versus blue water availability. PLoS One, 7: e32688.

Hoekstra R, van den Bergh J C J M. 2003. Comparing structural decomposition analysis and index. Energy Economics, 25 (1): 39-64.

Hou S, Liu Y, Zhao X, et al. 2018. Blue and green water footprint assessment for China—a multi-region input-output approach. Sustainability, 10 (8): 2822.

Huang L, He B, Han L, et al. 2017. A global examination of the response of ecosystem water-use efficiency to drought based on MODIS data. Science of the Total Environment, 601: 1097-1107.

Hubacek K, Guan D, Barrett J, et al. 2009. Environmental implications of urbanization and lifestyle change in

China: ecological and water footprints. Journal of Cleaner Production, 17 (14): 1241-1248.

Jansson F C, Rockström J, Gordon L. 1999. Linking freshwater flows and ecosystem services appropriated by people: the case of the Baltic Sea Drainage Basin. Ecosystems, 351-366.

Jewitt G P W, Garratt J A, Calder I R, et al. 2004. Water resources planning and modelling tools for the assessment of land use change in the Luvuvhu Catchment, South Africa. Physics and Chemistry of the Earth, 15 (18): 1233-1241.

Jiao J, Han X, Li F, et al. 2017. Contribution of demand shifts to industrial SO_2 emissions in a transition economy: evidence from China. Journal of Cleaner Production, 164: 1455-1466.

Kummu M, Ward P J, de Moel H, et al. 2010. Is physical water scarcity a new phenomenon? Global assessment of water shortage over the last two millennia. Environmental Research Letters, 5 (3): 034006.

Kummu M, Gerten D, Heinke J, et al. 2014. Climate-driven interannual variability of water scarcity in food production potential: a global analysis. Hydrology and Earth System Sciences, 18: 447-461.

Lan J, Malik A, Lenzen M, et al. 2016. A structural decomposition analysis of global energy footprints. Applied Energy, 163: 436-451.

Lannerstad F. 2005. Interactive comment on — Consumptive water use to feed humanity-curing a blind spot// Falkenmark M, Lannerstad M. Hydrology and Earth System Sciences Discuss, 1: 20-28.

Lenzen M, Moran D, Kanemoto K, et al. 2013. Building Eora: a global multi-region input-output database at high country and sector resolution. Economic Systems Research, 25 (1): 20-49.

Lenzen M. 2009. Understanding virtual water flows: a multiregion input-output case study of Victoria. Water Resources Research, 45 (9).

Leontief W W. 1951. Dynamic Analysis of Economic Equilibrium//Proceedings of the Second Symposium on Large Scale Digital Calculating Machinery: 333.

Leontief W W. 1986. Input-Output Economics. New York: Oxford University Press.

Liu J G, Zang C F, Tian S Y, et al. 2013. Water conservancy projects in China: achievements, challenges and way forward. Global Environmental Change, 23 (3): 633-643.

Liu J G, Yang H, Gosling S N, et al. 2017. Water scarcity assessments in the past, present, and future. Earth Future, 5: 545-559.

Liu J G, Zhao D D, Mao G Q, et al. 2020. Environmental sustainability of water footprint in mainland China. Geography and Sustainability, 1: 8-17.

Liu J, Savenije H H G. 2008. Food consumption patterns and their effect on water requirement in China. Hydrology and Earth System Sciences, 12 (3): 887-898.

Liu J, Yang H. 2009. Consumptive water use in cropland and its partitioning: s high-resolution assessment. Science in China Series E Technological Sciences, 11: 6.

Liu J, Yang H. 2010. Spatially explicit assessment of global consumptive water uses in cropland: green and blue water. Journal of Hydrology, 384: 187-197.

Liu J, Zehnder A J B, Yang H, et al. 2009. Global consumptive water use for crop production: the importance of green water and virtual water. Water Resources Research, 45 (5).

Liu J, Liu Q, Yang H. 2016. Assessing water scarcity by simultaneously considering environmental flow requirements, water quantity, and water quality. Ecological Indicators, 60: 434-441.

Liu J, Williams J R, Zehnder A J B, et al. 2007. GEPIC-modelling wheat yield and crop water productivity with high resolution on a global scale. Agricultural Systems, 94 (2): 478-493.

Liu S, Han M, Wu X, et al. 2018. Embodied water analysis for Hebei Province, China by input-output modelling. Frontiers of Earth Science, 12 (1): 72-85.

Liu Y C, Chopra N. 2014. On stability and regulation performance for flexible-joint robots with input/output communication delays. Automatica, 50 (6): 1698-1705.

Liu Y, Wang P, Gojenko B, et al. 2021. A review of water pollution arising from agriculture and mining activities in Central Asia: Facts, causes and effects. Environmental Pollution, 291: 118209.

Ma T, Sun S, Fu G T, et al. 2020. Pollution exacerbates China's water scarcity and its regional inequality. Nature Communication, 11: 650.

Malik A, Lan J. 2016. The role of outsourcing in driving global carbon emissions. Economic Systems Research, 28 (2): 168-182.

Marano R P, Filippi R A. 2015. Water Footprint in paddy rice systems. Its determination in the provinces of Santa Fe and Entre Ríos, Argentina. Ecological Indicators, 56: 229-236.

Marston L, Ao Y, Konar M, et al. 2018. High-resolution water footprints of production of the United States. Water Resources Research, 54 (3): 2288-2316.

Mekonnen M M, Hoekstra A Y. 2011. The green, blue and grey water footprint of crops and derived crop products. Hydrology and Earth System Sciences, 15 (5): 1577-1600.

Mekonnen M M, Hoekstra A Y. 2012a. A global assessment of the water footprint of farm animal products. Ecosystems, 15 (3): 401-415.

Mekonnen M M, Hoekstra A Y. 2012b. The blue water footprint of electricity from hydropower. Hydrology and Earth System Sciences, 16 (1): 179-187.

Mekonnen M M, Hoekstra A Y. 2016. Four billion people facing severe water scarcity. Science Advances, 2: e1500323.

Meng Q, Sun Q, Chen X, et al. 2012. Alternative cropping systems for sustainable water and nitrogen use in the North China Plain. Agriculture, Ecosystems and Environment, 146 (1): 93-102.

Merritt S, Jiang L. 2005. Several explanations for water demand. Water Resour Hydro Exp, 26: 25-27.

Mi Z, Meng J, Guan D, et al. 2017. Pattern changes in determinants of Chinese emissions. Environmental Research Letters, 12 (7): 074003.

Miller R E, Blair P D. 2009. Input-Output Analysis: Foundations and Extensions. Cambridge: Cambridge University Press.

Montanari A, Young G, Savenije H H G, et al. 2013. "Panta Rhei-Everything Flows": change in hydrology and society-The IAHS Scientific Decade 2013-2022. Hydrological Sciences Journal, 58: 1256-1275.

Nilsson C, Reidy C A, Dynesius M, et al. 2005. Fragmentation and flow regulation of the world's large river systems. Science, 308: 405-408.

Northey S A, Mudd G M, Saarivuori E, et al. 2016. Water footprinting and mining: where are the limitations and opportunities? Journal of Cleaner Production, 135: 1098-1116.

OhIsson L. 2000. Water conflicts and social resource scarcity. Physics Chemistry of the Earth Part B Hydrology Oceans and Atmosphere, 25: 213-220.

Oki T, Kanae S. 2006. Global hydrological cycles and world water resources. Science, 313: 1068-1072.

Owusu-Sekyere E, Scheepers M E, Jordaan H. 2016. Water footprint of milk produced and processed in South Africa: implications for policy-makers and stakeholders along the dairy value chain. Water, 8 (8): 322.

Paterson W, Rushforth R, Ruddell B L, et al. 2015. Water footprint of cities: a review and suggestions for future research. Sustainability, 7 (7): 8461-8490.

Pfister S, Koehler A, Hellweg S. 2009. Assessing the environmental impacts of freshwater consumption in LCA. Environmental Science and Technology, 43: 4098-4104.

Postel S L, Daily G C, Ehrlich P R. 1996. Human appropriation of renewable fresh water. Science, 5250: 785-788.

Qin D Y, Lu C Y, Liu J H, et al. 2014. Theoretical framework of dualistic nature-social water cycle. Chinese Science Bulletin, 59: 810-820.

Rijsberman F R. 2006. Water scarcity: fact or fiction? Agric Water Manage, 80: 5-22.

Rockstrtom J. 1999. On farm green water estimates as a tool for increased food production in water scarcity regions. Physics and Chemiistry of the Earth (B), 24: 375-383.

Rockström J, Falkenmark M, Karlberg L, et al. 2009. Future water availability for global food production: the potential of green water for increasing resilience to global change. Water Resources Research, 45: WR006767.

Rockström J, Karlberg L, Wani S P, et al. 2010. Managing water in rainfed agriculture-The need for a paradigm shift. Agricultural Water Management, 4: 543-550.

Rost S, Gerten D, Bondeau A, et al. 2008. Agricultural green and blue water consumption and its influence on the global water system. Water Resources Research, 44 (9).

Sanders K T. 2015. Critical review: Uncharted waters? The future of the electricity-water nexus. Environmental Science and Technology, 49 (1): 51-66.

Schmied H M, Caceres D, Eisner S, et al. 2009. Simulating global freshwater resources with WaterGAP 2.2 D// American Geophysical Union (AGU) Fall Meeting.

Schuol J, Abbaspour K C, Yang H, et al. 2008. Modelling blue and green water availability in Africa. Water Resources Research, 44: W07406.

Schyns J F, Booij M J, Hoekstra A Y. 2017. The water footprint of wood for lumber, pulp, paper, fuel and firewood. Advances in Water Resources, 107: 490-501.

Schyns J F, Hoekstra A Y, Booij M J, et al. 2019. Limits to the world's green water resources for food, feed, fiber, timber, and bioenergy. PNAS, 116: 4893-4898.

Seckler D, Amarasinghe U, Molden D, et al. 1998. World water demand and supply, 1990 to 2025: scenarios and issues. Research Report. International Water Management Institute, Colombo, Sri Lanka.

Soligno I, Malik A, Lenzen M. 2019. Socioeconomic drivers of global blue water use. Water Resources Research, 55 (7): 5650-5664.

Su B, Ang B W. 2012. Structural decomposition analysis applied to energy and emissions: some methodological developments. Energy Economics, 34 (1): 177-188.

Su B, Ang B W. 2017. Multiplicative structural decomposition analysis of aggregate embodied energy and emission intensities. Energy Economics, 65: 137-147.

Sullivan C A, Meigh J R, Giacomello A M. 2003. The water poverty index: development and application at the community scale. Nature Resources Forum, 27: 189-199.

Sun Y, Liu N, Shang J, et al. 2017. Sustainable utilization of water resources in China: a system dynamics model. Journal of Cleaner Production, 142: 613-625.

United Nation. 2015. Transforming Our World: The 2030 Agenda for Sustainable Development. New York: Division for Sustainable Development Goals.

van Vliet M T H, Flörke M, Wada Y. 2017. Quality matters for water scarcity. Nature Geoscience, 10: 800-802.

Varis O, Abu-Zeid K. 2009. Socio-economic and environmental aspects of water management in the 21st century: trends, challenges and prospects for the MENA region. International Journal of Water Resources Development, 25 (3): 507-522.

Varis O. 2014. Resources: curb vast water use in central Asia. Nature, 514 (7520): 27-29.

Veettil A V, Mishra A K. 2018. Potential influence of climate and anthropogenic variables on water security using blue and green water scarcity, Falkenmark index, and freshwater provision indicator. Journal of Environmental Management, 228: 346-362.

Vörösmarty C J, Green P, Salisbury J, et al. 2000. Global water resources: vulnerability from climate change and population growth. Science, 289: 284-288.

Vörösmarty C J, Hoekstra A Y, Bunn S E, et al. 2015. Fresh water goes global. Science, 349: 478-479.

Vörösmarty C J, McIntyre P B, Gessner M O, et al. 2010. Global threats to human water security and river biodiversity. Nature, 467: 555-561.

Wada Y, van Beek L P H, Wanders N, et al. 2013. Human water consumption intensifies hydrological drought worldwide. Environmental Research Letters, 8 (3): 034036.

Wada Y, Bierkens M F P. 2014. Sustainability of global water use: past reconstruction and future projections. Environmental Research Letters, 9 (10): 104003.

Wang H, Jia Y W, Yang G Y, et al. 2013. Integrated simulation of the dualistic water cycle and its associated processes in the Haihe River Basin. Chinese Science Bulletin, 58: 3297-3311.

Wang X Q, Liu C M, Zhang Y. 2006. Water quantity-quality combined evaluation method for rivers' water requirements of the instream environment in dualistic water cycle: a case study of Liaohe river basin. Journal of Geographical Sciences, 61: 1132-1140.

Xin X, Ma Y, Liu Y. 2018. Electric energy production from food waste: microbial fuel cells versus anaerobic digestion. Bioresource Technology, 255: 281-287.

Xu Z, Chen X, Wu S R, et al. 2019. Spatial-temporal assessment of water footprint, water scarcity and crop water productivity in a major crop production region. Journal of Cleaner Production, 224: 375-383.

Yang J, Liu K, Wang Z, et al. 2007. Water-saving and high-yielding irrigation for lowland rice by controlling limiting values of soil water potential. Journal of Integrative Plant Biology, 49 (10): 1445-1454.

Yang Y, Hu D. 2018. Natural capital utilization based on a three-dimensional ecological footprint model: A case study in northern Shaanxi, China. Ecological Indicators, 87: 178-188.

Yang Z, Liu H, Xu X, et al. 2016. Applying the water footprint and dynamic structural decomposition analysis on the growing water use in China during 1997—2007. Ecological Indicators, 60: 634-643.

Yoo S H, Choi J Y, Lee S H, et al. 2014. Estimating water footprint of paddy rice in Korea. Paddy and Water Environment, 12 (1): 43-54.

Zang C F, Liu J, van der Velde M, et al. 2012. Assessment of spatial and temporal patterns of green and blue water flows under natural conditions in inland river basins in Northwest China. Hydrology Earth System Science, 16 (8): 2859-2870.

Zang C, Liu J. 2013. Trend analysis for the flows of green and blue water in the Heihe River basin, northwestern China. Journal of Hydrology, 502: 27-36.

Zeitoun M, Allan J A T, Mohieldeen Y. 2010. Virtual water 'flows' of the Nile Basin, 1998—2004: A first approximation and implications for water security. Global Environmental Change, 20 (2): 229-242.

Zeng Z, Liu J, Savenije H H G. 2013. A simple approach to assess water scarcity integrating water quantity and quality. Ecological Indicators, 34: 441-449.

Zhang C, Anadon L D. 2014. A multi-regional input-output analysis of domestic virtual water trade and provincial water footprint in China. Ecological Economics, 100: 159-172.

Zhang C, Zhong L, Liang S, et al. 2017. Virtual scarce water embodied in inter-provincial electricity transmission in China. Applied Energy, 187: 438-448.

Zhang L, Dong H, Geng Y, et al. 2019. China's provincial grey water footprint characteristic and driving forces. Science of The Total Environment, 677: 427-435.

Zhang W, Fan X, Liu Y, et al. 2020. Spillover risk analysis of virtual water trade based on multi-regional input-output model-A case study. Journal of Environmental Management, 275: 111242.

Zhang Y, Huang K, Yu Y, et al. 2017. Mapping of water footprint research: a bibliometric analysis during 2006—2015. Journal of Cleaner Production, 149: 70-79.

Zhang Z, Shi M, Yang H. 2012. Understanding Beijing's water challenge: a decomposition analysis of changes in Beijing's water footprint between 1997 and 2007. Environmental Science and Technology, 46 (22): 12373-12380.

Zhao C, Chen B. 2014. Driving force analysis of the agricultural water footprint in China based on the LMDI method. Environmental Science and Technology, 48 (21): 12723-12731.

Zhao D, Tang Y, Liu J, et al. 2017. Water footprint of Jing-Jin-Ji urban agglomeration in China. Journal of Cleaner Production, 167: 919-928.

Zhao D, Hubacek K, Feng K, et al. 2019. Explaining virtual water trade: a spatial-temporal analysis of the comparative advantage of land, labor and water in China. Water Research, 153: 304-314.

Zhao H, Qu S, Liu Y, et al. 2020. Virtual water scarcity risk in China. Resources, Conservation and Recycling, 160: 104886.

Zhao N, Xu L, Malik A, et al. 2018. Inter-provincial trade driving energy consumption in China. Resources, Conservation and Recycling, 134: 329-335.

Zhao X, Liu J, Liu Q, et al. 2015. Physical and virtual water transfers for regional water stress alleviation in China. PNAS, 112.

Zhao X, Tillotson M, Yang Z, et al. 2016. Reduction and reallocation of water use of products in Beijing. Ecological Indicators, 61: 893-898.

Zheng B, Huang G, Liu L, et al. 2020. Dynamic wastewater-induced research based on input-output analysis for Guangdong Province, China. Environmental Pollution, 256: 113502.

Zhong H, Sun L, Fischer G, et al. 2017. Mission Impossible? Maintaining regional grain production level and recovering local groundwater table by cropping system adaptation across the North China Plain. Agricultural Water Management, 193: 1-12.

Zhong H, Sun L, Fischer G, et al. 2019. Optimizing regional cropping systems with a dynamic adaptation strategy for water sustainable agriculture in the Hebei Plain. Agricultural Systems, 173: 94-106.

Zhou Q, Yang N, Li Y, et al. 2020. Total concentrations and sources of heavy metal pollution in global river and lake water bodies from 1972 to 2017. Global Ecology and Conservation, 22: e00925.

Zonderland-Thomassen M A, Lieffering M, Ledgard S F. 2014. Water footprint of beef cattle and sheep produced in New Zealand: water scarcity and eutrophication impacts. Journal of Cleaner Production, 73: 253-262.

第4章 中国水足迹环境可持续性评价

4.1 水足迹环境可持续性研究进展

淡水资源对人类和生态系统至关重要,并且与联合国制定的多项可持续发展目标(sustainable development goals,SDGs)密切相关。由于人口和经济的快速增长,人类对水资源的消耗从1980年的1200km³增长至2016年的1700km³(Qin et al.,2019)。增长的用水需求在区域和全球尺度都成为可持续发展的挑战(Vörösmarty et al.,2010)。不可持续的用水导致了很多环境问题,包括地下水位下降(Scanlon et al.,2012)、水污染(Mekonnen and Hoekstra,2015)、河流水量减少(Steward et al.,2018)等,进一步导致了生态系统的退化(Davidson,2014)。

水足迹是生产商品和服务所消耗的水量,是一种衡量用水的指标(Hoekstra,2011)。自2002年引入这一概念以来(Hoekstra and Hung,2002),水足迹受到了科学家、政策制定者和公众的广泛关注。早期的研究主要关注蓝、绿、灰三部分的水足迹核算(Hoekstra and Chapagain,2007;Orr and Chapagain,2008)。蓝水足迹指的是地表水和地下水的利用量,绿水足迹指的是土壤水的利用量(Hoekstra et al.,2011),灰水足迹指的是稀释污水达到水质标准所需的淡水量(Hoekstra,2011)。随着水足迹核算的发展,学者们开始探索灰水足迹和环境可持续性之间的联系。Hoekstra(2009)是最早一批将灰水足迹与水资源可利用量进行比较来研究水足迹可持续性的学者,他认为水足迹分析为评估人类使用淡水资源的可持续性提供了方法。此外,Hoekstra等(2011)提出了评估水足迹可持续性的四个步骤:①确定可持续性标准;②确定水足迹环境可持续热点地区;③量化热点地区的主要影响;④量化热点地区的次要影响。继Hoekstra后,一些学者评估了水足迹在不同空间尺度上的环境可持续性。例如,Zeng等(2012)发现黑河流域的蓝水足迹在一年中有8个月超过了流域的蓝水可利用量,流域蓝水足迹的环境可持续性受到损害。Lathuilliere等(2018)通过计算绿水和蓝水足迹,评估了该区域的水资源短缺情况,并进一步分析了南亚马孙的农业可持续性。Mekonnen和Hoekstra(2016)评估了世界主要流域蓝水足迹的环境可持续性,发现每年有40亿人遭受至少一个月的严重缺水困扰。其他学者将灰水足迹与水体的同化能力进行比较来评估灰水足迹的环境可持续性(Aldaya et al.,2020;

Karandish, 2019; Liu et al., 2012; Mekonnen and Hoekstra, 2018)。然而，已有研究从未综合蓝水足迹、绿水足迹、灰水足迹对次国家尺度的环境可持续性的时空变化进行评估。

本研究旨在评估 2002 年、2007 年和 2012 年中国 31 个省（自治区、直辖市）水足迹的环境可持续性（Liu et al., 2017）。中国存在严重的水量型和水质型缺水问题，是诠释水足迹环境可持续性的绝佳场地。本研究首次在省级尺度上评估了蓝水足迹、绿水足迹、灰水足迹的环境可持续性，研究结果可用于制定水资源可持续管理的政策。

4.2 水足迹环境可持续性评价方法

4.2.1 蓝绿灰水足迹核算

2002 年、2007 年和 2012 年中国主要农作物的蓝水足迹和绿水足迹由 GEPIC 模型（Liu, 2009）估算，主要农作物包括小麦、玉米、水稻、大豆、小米和高粱。GEPIC 模型已被用于评估全球、国家和地区尺度的农业用水量，并在中国表现出了良好性能（Liu and Yang, 2010; Liu et al., 2007; Zhao et al., 2014）。本书采用的模型参数与 Liu 等（2007）使用的模型参数相同。详细的模拟过程可参考 Liu（2009）、Liu 和 Yang（2010）。根据国家统计局的数据，选用的六种主要作物的耕种面积占全国总耕地面积的 60%。农业耕地面积也包括其他作物的面积，据此计算六种选定作物的面积占总耕地面积的比值。农业部门的蓝绿水足迹是通过将六种主要作物的蓝绿水足迹除以上述面积得出的。关于林业、畜牧业、渔业、工业和生活部门的蓝水足迹，在官方统计数据中经常被报告为地表水和地下水的消耗量。绿水足迹仅与农产品的消耗有关，森林和牧场中的绿水足迹可以被忽略，因为后者的用水与人类的经济活动没有直接关系。

灰水足迹是量化人类活动所产生水污染的指标。Hoekstra 等（2011）将其定义为以自然本底浓度（C_{nat}, mg/L）和现有的环境水质标准（C_{max}, mg/L）为基准，将一定的污染物负荷（L, kg/a）吸收同化所需的淡水的体积。

$$\text{GWF} = \frac{L}{C_{max} - C_{nat}} \tag{4-1}$$

农业、工业和生活部门均为灰水足迹做出了贡献。在式（4-1）中，化学需氧量（chemical oxygen demand, COD）和氨氮被纳入了每一个部门的计算中。对于农业部门，使用化肥造成的面源污染，还需考虑总磷（TP）和总氮（TN）。式（4-2）是用来估算总磷和总氮的污染负荷。

$$L_j = \alpha_j \times M_j \tag{4-2}$$

式中，α_j 是污染物 j 的淋溶率，根据之前的相关研究，总氮和总磷分别设为 7% 和 2%

(Chukalla et al., 2018; Hoekstra et al., 2011); M_j 是包含污染物的化肥施用量。

对每种污染物的灰水足迹进行量化后,相同污染物在不同部门产生的灰水足迹应相加,省份 i 的总灰水足迹为各污染物对应灰水足迹的最大值。

$$\mathrm{TGWF}_i = \max(\mathrm{GWF}_{i,\mathrm{NH_3\text{-}N}}, \mathrm{GWF}_{i,\mathrm{COD}}, \mathrm{GWF}_{i,\mathrm{TN}}, \mathrm{GWF}_{i,\mathrm{TP}}) \qquad (4\text{-}3)$$

式中,$\mathrm{GWF}_{i,\mathrm{NH_3\text{-}N}}$,$\mathrm{GWF}_{i,\mathrm{COD}}$,$\mathrm{GWF}_{i,\mathrm{TN}}$,$\mathrm{GWF}_{i,\mathrm{TP}}$ 分别是省份 i 所对应的灰水足迹。

本研究计算了中国 2002 年、2007 年和 2012 年的蓝绿水足迹。虽然中国一共有 34 个省级行政区,但是由于没有台湾、香港、澳门的数据,本研究仅考虑 31 个省(自治区、直辖市)。

4.2.2 水资源可利用量核算

水资源可利用量是指可用于人类生产生活而不会对生态系统造成明显损害的水量(Liu and Yang, 2010)。蓝水可利用量相当于蓝水资源量减去应用于维持生态系统健康的环境流量。我们采用 Hoekstra 等(2011)的方法,假定环境流量需要 80% 的天然蓝水资源。绿水可利用量被定义为作物蒸腾作用所消耗的可用土壤水量(Rockström et al., 2009),其已被应用于许多研究中(Schuol et al., 2008; Zuo et al., 2015; Zang et al., 2019)。WAYS 模型考虑了植物根系的空间异质性在水文循环中所造成的影响(Mao and Liu, 2019),本研究利用该模型模拟绿水可利用量。绿水可利用量是通过农田实际蒸散发量计算得出的。绿水可利用量的计算公式为

$$\mathrm{GrWA} = c \times \mathrm{AET} \times A \qquad (4\text{-}4)$$

式中,GrWA 为绿水可利用量(m^3/a);AET 为农田中的实际蒸散量(mm/a);A 为耕地面积(m^2);c 为用来进行单位转换的常数。

本研究首先用 WAYS 模型在 0.5°×0.5° 的空间分辨率和 1 天的时间分辨率下计算绿水可利用量,然后根据各省边界汇总省级尺度结果。

4.2.3 数据源

驱动 GEPIC 模型的土地利用和气象数据是从农业模型比对和改进项目(AgMIP)中获得的(Ruane et al., 2015)。每年的作物耕种面积是从《中国统计年鉴》上获取的。除了农业部门以外,其他不同部门的蓝水消耗数据从中国省级的水资源公报上获取。每年的蓝水资源量也来源于各省份的水资源公报。GSWP3 的气候数据用来驱动 WAYS 模型计算绿水资源量(Kim, 2017)。选择该数据集是因为它已经被证明能够展现出真实的时间变异性,并已被应用于多项水资源模拟的研究中(Tangdamrongsub et al., 2018; Veldkamp et al., 2017)。WAYS 模型中使用的气象数据包括降水、最低温度、最高温度、相对湿度、地表长波辐射、地表短波辐射和 10m 高风速。此外，我们应用了 MODIS 的土地利用产品 MCD12Q1，划分标准为 IGBP 的土地覆盖类型分类（Friedl et al., 2010）。同时，植物根区蓄水能力数据来源于 Wang-Erlandsson 等（2016）的研究。用于绿水可利用量计算的农田数据取自全球数据集，如全球农业土地数据来自 SEDAC（Socioeconomic Data and Applications Center）网站。全球农田数据是基于 MODIS、SPOT 和农业清单数据生成的，能表示出 2000 年农田在 5″网格单元下占总土地面积的比例（Ramankutty et al., 2010）。

工业和生活部门产生的 NH_3-N 和 COD 排放量数据来自《中国环境统计年鉴》。基于 2012 年农业 GDP 数据和目标年份农业 GDP 之比，结合 2012 年污染负荷的统计数据，推算出 2002 年和 2007 年农业部门 COD 和氨氮的排放量。农业部门的总氮和总磷排放量来自《中国统计年鉴》。根据《地表水环境质量标准》（GB 3838—2002），Ⅲ级水质适合鱼类、水产养殖和游泳，而低于Ⅲ级的水质意味着水质较差。因此，本研究选择Ⅲ级作为环境水质标准，NH_3-N、COD、TN、TP 的 C_{max} 分别为 1mg/L、20mg/L、1mg/L 和 0.2mg/L。由于自然界中没有上述四种污染物的具体值，遵循 Hoekstra 等（2011）的方法，将 C_{nat} 设置为 0。

4.3 水足迹时空演变特征

4.3.1 水足迹空间格局

2012 年中国总的水足迹（蓝水足迹、绿水足迹和灰水足迹的总和）为 3370 亿 m^3/a。其中，灰水足迹比蓝水足迹和绿水足迹大得多。灰水足迹占总水足迹的 77%，而绿水足迹和蓝水足迹分别占 17% 和 6%，表明水污染是水足迹的主要影响因素。如图 4-1（a）所示，灰水足迹在中国的分布是不均匀的。水足迹高值主要位于华北平原（如山东、河南和江苏）以及一些南部省份（如广东、湖南和四川），这可能与这些地区较高的灰水足迹有关。例如，在总水足迹超过 200 亿 m^3/a 的四个省份（广东、河南、湖南和山东），其灰水足迹也是最高的。如图 4-1（a）所示，水足迹最大的省份为广东（257 亿 m^3/a），而水足迹最小的省份为西藏（5 亿 m^3/a）。这两个省份还拥有中国最大和最小的灰水足迹。此外，灰水足迹在总水足迹中的百分比从西藏的 64% 到上海的 95% 不等。

绿水足迹和蓝水足迹具有完全不同的空间分布格局。在国家尺度上，绿水足迹几乎是蓝水足迹的三倍。绿水足迹与蓝水足迹的比例从干旱的新疆的 0.18 到湿润的湖南的 10.8 不等［图 4-1（a）］。低比例出现在干旱或半干旱气候类型的省份，这些省份的农业高度依赖于灌溉。蓝水足迹从上海的 0.8 亿 m^3/a 到新疆的 26 亿 m^3/a 不等［图 4-1（b）］，绿水足迹从北京的 0.7 亿 m³/a 到湖南的 47 亿 m³/a 不等[图 4-1（c）]。高蓝水足迹主要分布于中国北方的干旱和半干旱省份，这些省份里灌溉是作物生长所必需的。低蓝水足迹主要分布于农业不是主要经济部门的地区或湿润地区。高绿水足迹主要出现在湖南、四川和黑龙江等大面积生产水稻的省份。

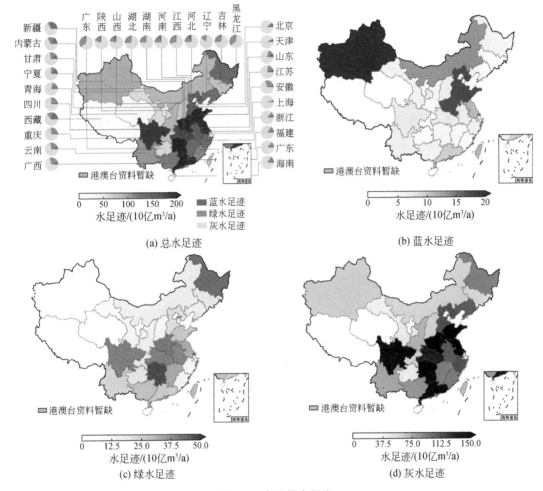

图 4-1 中国的水足迹

4.3.2 水足迹时间演变

2002~2012 年，中国总水足迹增加了 30%，灰水足迹的增加大于绿水足迹和蓝水足迹[图 4-2（a）]。10 年间，大多数省份的水足迹总量有所增加，其中海南（119%）和广东（82%）的增幅最高。只有三个省份的水足迹总量呈现减少趋势，即北京（-2%）、青海（-57%）和西藏（-76%）。这意味着人类用水量增加了，并给中国大多数省份的水资源带来了更大的压力。

总水足迹的增加主要是由灰水足迹的变化引起的。水足迹总量增幅最高的省份（海南和广东）所对应的灰水足迹增加也最高（海南为184%，广东为109%）。蓝水足迹、绿水足迹和灰水足迹的时间变化是不一致的。2002~2012年，中国的蓝水足迹整体增加了17%。在省级层面，22个省份的蓝水足迹呈增加趋势，增幅从吉林的1%到重庆的83%不等，9个省份的蓝水足迹呈减少趋势，减幅从山西和黑龙江的2%到西藏的38%不等［图4-2（b）］。2002~2012年，中国总体的绿水足迹减少了2%。有20个省份的绿水足迹呈减少趋势，减幅从宁夏的接近0%到上海的35%不等，有11个省份的绿水足迹呈增加趋势，增幅从云南的1%到新疆的54%不等［图4-2（c）］。绿水足迹和蓝水足迹的总量略微增加2%。在国家层面上，灰水足迹增加了41%，并且除北京、青海和西藏外，其他所有省份都出现了增加趋势［图4-2（d）］。

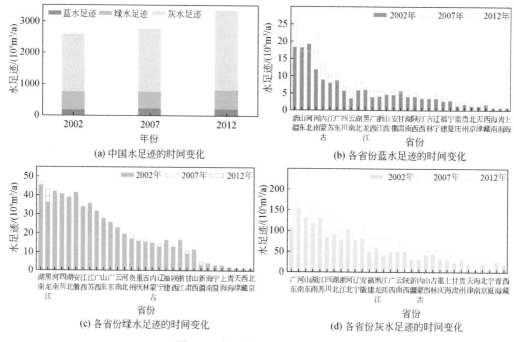

图4-2 中国水足迹的时间变化

4.4 水足迹环境可持续性分析

4.4.1 水足迹环境可持续性的空间分布

在国家层面，2012年的蓝水足迹仅占蓝水可利用量的1/3，但蓝水足迹的环境可持续性在中国各地有所不同［图4-3（a）］。蓝水足迹在20个省份是可持续的（SI>0），在其余11个省份是不可持续的（SI<0），尤其是华北平原。宁夏的蓝水足迹是最不可持续的，其可持续性指数（SI）为-12.6，其次是河北（-2.6）、河南（-2.2）和山东（-2.1）。

在国家层面，2012年的绿水足迹比绿水可利用量低4%。不可持续的绿水足迹主要分布在中国南部和东南部［图4-3（b）］。这些地区是主要的水稻产区，水稻消耗大量的土壤水导致自然生态系统的绿水短缺。12个省份的绿水足迹不可持续，而19个省份的绿水足迹可持续。最不可持续的绿水足迹发生在湖南，SI为-0.65，其次是上海（-0.57）、福建（-0.56）和江西（-0.55）。

在国家层面，2012年的灰水足迹是蓝水资源量的88%。然而，中国各地灰水足迹的环境可持续性差异很大［图4-3（c）］，其中12个省份属于可持续，19个省份被归类为不可持续。除广东外，其他许多不可持续的省份位于中国北方。宁夏的灰水足迹是最不可持续的，SI为-15.1，其次是上海（-12.9）和天津（-6.7）。

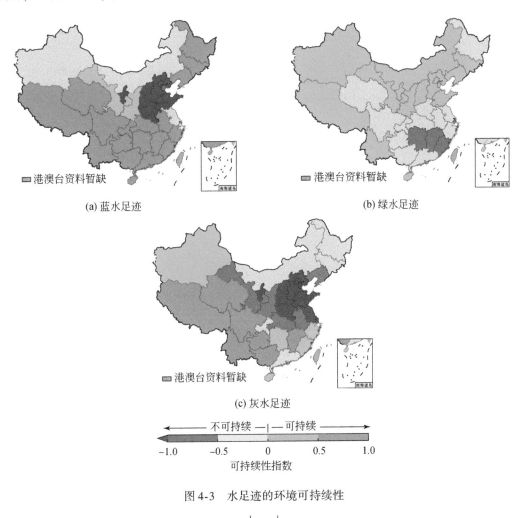

图4-3　水足迹的环境可持续性

4.4.2 水足迹环境可持续性的时间演变

2002~2012年,中国人口和蓝水足迹、绿水足迹的不可持续性有相似趋势,如2002~2007年略有下降,在2012年增加[图4-4(a)]。然而,灰水足迹的环境可持续性与中国人口趋势显示出不同的模式;不可持续的灰水足迹2002~2012年持续增加,特别是2007~2012年,有2亿人生活在不可持续的灰水足迹地区。

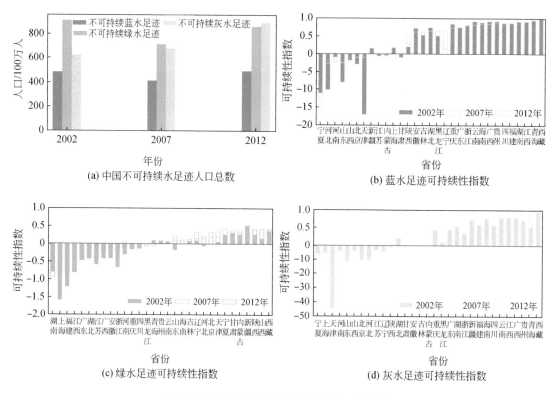

图 4-4 中国水足迹环境可持续性的时间变化

2002~2012年,蓝水足迹的整体SI下降了5%;但绿水足迹的可持续性略有改善,SI从-0.03增加到0.04;灰水足迹的SI从0.39急剧下降到0.12,表明可持续性水平下降。13个省份的蓝水足迹所对应的SI下降,云南、重庆和广西的变化最显著;18个省份的蓝水足迹所对应的SI增加,天津、辽宁和河北是增长比例最高的省份[图4-4(b)]。9个省份的绿水足迹所对应的SI下降,下降幅度最大的是新疆、青海和黑龙江;22个省份的SI增加。增幅最大的是上海、山西和浙江[图4-4(c)]。近2/3省份的灰水足迹所对应的SI下降,其中海南、新疆和江西的下降幅度最大;1/3省份的SI增加,其中天津、西藏和青海增幅最大[图4-4(d)]。

4.4.3　水足迹对河流和地下水的影响

为了维持健康的水生态系统，需要在河流和地下水中保持足够的环境流量。当蓝水足迹超过蓝水可利用量时，为满足人类用水需要牺牲环境流，导致河流和地下水退化。该研究结果表明，中国北方大部分地区的蓝水足迹所对应的 SI 为负值，意味着这些地区的蓝水足迹已经超过蓝水可利用量。不可持续的水足迹是中国北方许多河流流量减少并逐步干涸的原因之一。例如，Wang 等（2019）发现，在北京、天津和河北监测的 345 条河流中，有 267 条河流正经历着流量减少或干涸，干涸的河段占河流总长度的 25%。即使在雨季，北京在 2015 年也有 13% 的河道是干涸的（Wang and Chen, 2016）。在新疆，塔里木河有 30 万 m 河段干涸（Chen et al., 2017）。就黄河而言，1972~1999 年，有 22 年发生了干涸；特别是在 1990~1999 年，每年都会发生干涸（Wang et al., 2011）。自 20 世纪 90 年代以来，黄河流域的各省份已采取许多措施减少用水量。例如，在黄河下游的山东，2012 年的蓝水足迹甚至低于 2002 年和 2007 年。近年来水资源管理工作取得了成效，自 2000 年以来黄河没有发生过断流（Huang et al., 2019）。因此，为了避免许多北方省份出现河流断流情况，蓝水足迹需要减少到低于蓝水可利用量的水平。

此外，不可持续的蓝水足迹与这些地区的地下水开采密切相关。根据亚洲开发银行 2018 年的数据，1956~2000 年，北部和东南沿海的年平均地下水资源分别为 600 亿 m^3 和 1640 亿 m^3。然而，两个地区的地下水供应量分别为 408 亿 m^3/a 和 47 亿 Gm^3/a，分别占地下水可利用量的 67% 和 2.8%。在北方地区，地下水已被大量利用。地下水是河流、湖泊和湿地生态系统的重要水源，为陆地植被提供了基本的生活条件，一旦地下水位下降，就会导致相关的生态系统退化。例如，Wang 等（2012）发现，黄河三角洲湿地的萎缩与地下水开采和污染密切相关。Chen 等（2019）指出，大量开采地下水用于农业灌溉和工业制造是内蒙古湖泊退化的主要原因。因此，要实现我国北方和西北地区蓝水的可持续利用，必须加强对地下水的保护和监管。

4.4.4　水足迹对水质的影响

灰水足迹是水污染的指标。在中国，它比绿水足迹和蓝水足迹大得多，是水足迹总量的主要部分。最高的灰水足迹出现在中国东部和南部地区，这可能与更为活跃的工业生产和生活有关。例如，长江为 4 亿人口提供了水资源，并支持了中国最大的经济体之一。废水排放量从 2000 年初的 20% 增加到 2010 年的 30% 以上，导致长江水达不到饮用水水质标准（Chen et al., 2016），长江上中游水质严重恶化。此外，在东部和南部河流上建造水坝导致严重的河流破碎化、湖泊和湿地萎缩、严重的水质恶化问题（Zhang et al., 2012；Xia et al., 2016）。Zhai 等（2017）发现，淮河流域的水污染因密集建设的大坝和废水排放而加剧，特别是在河流的中下游。在将废水排放到河流、湖泊和沿海水体之前，对其进行处理可以有效地降低灰水足迹。上述所有事实都提醒当地政府需加强对废水排放和大坝使用及布局的监管。

从水足迹环境可持续性的角度来看（图4-4），由于稀释污染物的水量不足及处理废水能力的不足，中国东部、南部和北部地区的灰水足迹是不可持续的。Bu 等（2019）发现，生活和工业废水的直接排放是东北辽东湾河流污染的主要原因。根据亚洲开发银行2018 年的数据，中国一半以上的土地被认定为生态脆弱。一些地区可能已经超出了临界点，这将使生态恢复变得更加困难。这项研究确定了生态系统的脆弱性，并据此阐述生态恢复的急迫性。水足迹环境可持续性显示（图4-4），中国中北部地区的水资源和相关生态系统（如河流和湿地）不仅会受到水资源量减少的威胁［图4-4（a）］，还会受到水污染的威胁［图4-4（c）］。中国西部地区（如新疆）容易受到水资源短缺的影响，而中国东北地区（如黑龙江）的灰水足迹不可持续。这些地区对生态系统的扰动更为敏感，增加了生态恢复的难度。

为了更好地维持水生生态系统的功能，提高生态系统弹性，应保障河流生态需水量，并在图4-4（a）所示的热点地区控制和监测地下水的开采量。例如，Chen 等（2019）指出，调整工业用水量和减少地下水开采，对于恢复内蒙古湖泊生态是必要的措施。Cui 等（2009）提出，为缓解黄河三角洲湿地萎缩，应将生态需水量维持在支持生态系统服务的水平上。最后需要控制污染源和提高废水处理水平，特别是对于图4-4（c）中所示的不可持续地区。

参 考 文 献

Aldaya M M, Rodriguez C I, Fernandez-Poulussen A, et al. 2020. Grey water footprint as an indicator for diffuse nitrogen pollution: The case of Navarra, Spain. Science of the Total Environment, 698: 134338.

Bu H, Song X, Zhang Y. 2019. Using multivariate statistical analyses to identify and evaluate the main sources of contamination in a polluted river near to the Liaodong Bay in Northeast China. Environmental Pollution, 245: 1058-1070.

Chen J, Finlayson B L, Wei T, et al. 2016. Changes in monthly flows in the Yangtze River, China-With special reference to the Three Gorges Dam. Journal of Hydrology, 536: 293-301.

Chen J, Lv J, Li N, et al. 2019. External groundwater alleviates the degradation of closed lakes in semi-arid regions of China. Remote Sensing, 12 (1): 45.

Chen Y, Li W, Zhou H, et al. 2017. Experimental study on water transport observations of desert riparian forests in the lower reaches of the Tarim River in China. International Journal of Biometeorology, 61 (6): 1055-1062.

Chukalla A D, Krol M S, Hoekstra A Y. 2018. Trade-off between blue and grey water footprint of crop production at different nitrogen application rates under various field management practices. Science of the Total Environment, 626: 962-970.

Cui B, Yang Q, Yang Z, et al. 2009. Evaluating the ecological performance of wetland restoration in the Yellow River Delta, China. Ecological Engineering, 35 (7): 1090-1103.

Davidson A D, Detling J K, Brown J H. 2012. Ecological roles and conservation challenges of social, burrowing, herbivorous mammals in the world's grasslands. Frontiers in Ecology and the Environment, 10 (9): 477-486.

Davidson N C. 2014. How much wetland has the world lost? Long-term and recent trends in global wetland area. Marine and Freshwater Research, 65 (10): 934-941.

Friedl M A, Sulla-Menashe D, Tan B, et al. 2010. MODIS Collection 5 global land cover: algorithm refinements and characterization of new datasets. Remote Sensing of Environment, 114 (1): 168-182.

Hoekstra A Y, Chapagain A K, Aldaya M M, et al. 2011. The Water Footprint Assessment Manual: Setting The Global Standard. London: Routledge.

Hoekstra A Y, Chapagain A K. 2007. The water footprints of Morocco and the Netherlands: global water use as a result of domestic consumption of agricultural commodities. Ecological Economics, 64 (1): 143-151.

Hoekstra A Y, Chapagain A K. 2011. Globalization of Water: Sharing The Planet's Freshwater Resources. New York: John Wiley & Sons.

Hoekstra A Y, Hung P Q. 2002. Virtual water trade: a quantification of virtual water flows between nations in relation to international crop trade, Value of Water Research Report Series No. 11, UNESCOIHE, Delft, The Netherlands. www.waterfootprint.org/Reports/Report11.pdf [2022-12-01].

Hoekstra A Y. 2009. Human appropriation of natural capital: a comparison of ecological footprint and water footprint analysis. Ecological Economics, 68 (7): 1963-1974.

Hoekstra H A. 2011. A career roles model of career development. Journal of Vocational Behavior, 78 (2): 159-173.

Huang S, Wang L, Wang H, et al. 2019. Spatio-temporal characteristics of drought structure across China using an integrated drought index. Agricultural Water Management, 218: 182-192.

Karandish F. 2019. Applying grey water footprint assessment to achieve environmental sustainability within a nation under intensive agriculture: a high-resolution assessment for common agrochemicals and crops. Environmental Earth Sciences, 78 (6): 1-22.

Kim H. 2017. Global Soil Wetness Project Phase 3 Atmospheric Boundary Conditions (Experiment 1) [Data set], Data Integration and Analysis System (DIAS). https://doi.org/10.20783/DIAS.501 Friedl [2022-12-01].

Lathuilliere M, Godar J, Gardner T, et al. 2018. Highlighting the Roles of Producers and Consumers in Land and Water use for Agricultural Production in Southern Amazonia. Authorea Preprints.

Liu C, Kroeze C, Hoekstra A Y, et al. 2012. Past and future trends in grey water footprints of anthropogenic nitrogen and phosphorus inputs to major world rivers. Ecological Indicators, 18: 42-49.

Liu J, Williams J R, Zehnder A J B, et al. 2007. GEPIC-modelling wheat yield and crop water productivity with high resolution on a global scale. Agricultural Systems, 94 (2): 478-493.

Liu J, Yang H, Gosling S N, et al. 2017. Water scarcity assessments in the past, present, and future. Earth's

Future, 5 (6): 545-559.

Liu J, Yang H. 2010. Spatially explicit assessment of global consumptive water uses in cropland: green and blue water. Journal of Hydrology, 384: 187-197.

Liu J. 2009. A GIS-based tool for modelling large-scale crop-water relations. Environmental Modelling and Software, 24 (3): 411-422.

Mao G, Liu J. 2019. WAYS v1: a hydrological model for root zone water storage simulation on a global scale. Geoscientific Model Development, 12 (12): 5267-5289.

Mekonnen M M, Hoekstra A Y. 2012. A global assessment of the water footprint of farm animal products. Ecosystems, 15 (3): 401-415.

Mekonnen M M, Hoekstra A Y. 2015. Global gray water footprint and water pollution levels related to anthropogenic nitrogen loads to fresh water. Environmental Science and Technology, 49 (21): 12860-12868.

Mekonnen M M, Hoekstra A Y. 2016. Four billion people facing severe water scarcity. Science Advances, 2 (2): e1500323.

Mekonnen M M, Hoekstra A Y. 2018. Global anthropogenic phosphorus loads to freshwater and associated grey water footprints and water pollution levels: a high-resolution global study. Water Resources Research, 54 (1): 345-358.

Orr S, Chapagain A K. 2008. UK Water Footprint: the impact of the UK's food and fibre consumption on global water resources. World Wildlife Fund-UK, Godalming.

Qin Y, Mueller N D, Siebert S, et al. 2019. Flexibility and intensity of global water use. Nature Sustainability, 2 (6): 515-523.

Ramankutty N, Heller E, Rhemtulla J. 2010. Prevailing myths about agricultural abandonment and forest regrowth in the United States. Annals of the Association of American Geographers, 100 (3): 502-512.

Rockström J, Falkenmark M, Karlberg L, et al. 2009. Future water availability for global food production: the potential of green water for increasing resilience to global change. Water Resources Research, 45 (7).

Ruane A C, Goldberg R, Chryssanthacopoulos J. 2015. Climate forcing datasets for agricultural modeling: merged products for gap-filling and historical climate series estimation. Agricultural and Forest Meteorology, 200: 233-248.

Scanlon B R, Faunt C C, Longuevergne L, et al. 2012. Groundwater depletion and sustainability of irrigation in the US High Plains and Central Valley. Proceedings of the National Academy of Sciences, 109 (24): 9320-9325.

Schuol J, Abbaspour K C, Yang H, et al. 2008. Modeling blue and green water availability in Africa. Water Resources Research, 44 (7): 81-98.

Steward A L, Negus P, Marshall J C, et al. 2018. Assessing the ecological health of rivers when they are dry. Ecological Indicators, 85: 537-547.

Steward A L, von Schiller D, Tockner K, et al. 2012. When the river runs dry: human and ecological values of dry riverbeds. Frontiers in Ecology and the Environment, 10 (4): 202-209.

Tangdamrongsub N, Han S C, Decker M, et al. 2018. On the use of the GRACE normal equation of inter-satellite tracking data for estimation of soil moisture and groundwater in Australia. Hydrology and Earth System Sciences, 22 (3): 1811-1829.

Veldkamp T I E, Wada Y, Aerts J, et al. 2017. Water scarcity hotspots travel downstream due to human interventions in the 20th and 21st century. Nature Communications, 8 (1): 1-12.

Vörösmarty C J, McIntyre P B, Gessner M O, et al. 2010. Global threats to human water security and river biodiversity. Nature, 467: 555-561.

Wang C, Wang W, He S, et al. 2011. Sources and distribution of aliphatic and polycyclic aromatic hydrocarbons in Yellow River Delta Nature Reserve, China. Applied Geochemistry, 26 (8): 1330-1336.

Wang L, Gao Y, Han B P, et al. 2019. The impacts of agriculture on macroinvertebrate communities: from structural changes to functional changes in Asia's cold region streams. Science of the Total Environment, 676: 155-164.

Wang S, Chen B. 2016. Energy-water nexus of urban agglomeration based on multiregional input-output tables and ecological network analysis: a case study of the Beijing-Tianjin-Hebei region. Applied Energy, 178: 773-783.

Wang M, Qi S, Zhang X. 2012. Wetland loss and degradation in the Yellow River Delta, Shandong Province of China. Environmental Earth Sciences, 67 (1): 185-188.

Wang X, Li H, Jiao J J, et al. 2015. Submarine fresh groundwater discharge into Laizhou Bay comparable to the Yellow River flux. Scientific Reports, 5 (1): 1-7.

Wang-Erlandsson L, Bastiaanssen W G M, Gao H, et al. 2016. Global root zone storage capacity from satellite-based evaporation. Hydrology and Earth System Sciences, 20 (4): 1459-1481.

Xia X H, Wu Q, Mou X L, et al. 2016. Potential impacts of climate change on the water quality of different water bodies. Journal of Environmental Informatics, 25 (2): 85-98.

Zeng Z, Liu J, Koeneman P H, et al. 2012. Assessing water footprint at river basin level: a case study for the Heihe River Basin in northwest China. Hydrology and Earth System Sciences, 16 (8): 2771-2781.

Zeng Z, Mao F, Wang Z, et al. 2019. Preliminary evaluation of the atmospheric infrared sounder water vapor over China against high-resolution radiosonde measurements. Journal of Geophysical Research: Atmospheres, 124 (7): 3871-3888.

Zhai X, Xia J, Zhang Y. 2017. Integrated approach of hydrological and water quality dynamic simulation for anthropogenic disturbance assessment in the Huai River Basin, China. Science of the Total Environment, 598: 749-764.

Zhang Q, Li L, Wang Y G, et al. 2012. Has the Three-Gorges Dam made the Poyang Lake wetlands wetter and drier? Geophysical Research Letters, 39 (20): L204021-L204027.

Zhao Q, Liu J, Khabarov N, et al. 2014. Impacts of climate change on virtual water content of crops in China. Ecological Informatics, 19: 26-34.

Zuo D, Xu Z, Peng D, et al. 2015. Simulating spatiotemporal variability of blue and green water resources availability with uncertainty analysis. Hydrological Processes, 29 (8): 1942-1955.

第 5 章 中国虚拟水贸易及其驱动机制

5.1 虚拟水研究进展

Allan 教授最早使用"虚拟水"这一术语来描述国际市场上交易的农产品生产所需的用水量，自此，科学界对虚拟水给予了极大的关注（Allan，1996，2002，2003）。许多研究通过估算在流域、区域、国家和全球尺度用于生产商品与服务的水量来计算虚拟水量（Chapagain and Hoekstra，2008；Feng and Hubacek，2015；Feng et al.，2012；Guan and Hubacek，2007；Mekonnen and Hoekstra，2011；Hoekstra and Hung，2005；Serrano et al.，2016；Zhao et al.，2015，2016，2017）。对虚拟水量的估算极大地反映了不同国家之间国际贸易量的大小，据此，主要的粮食出口国（如阿根廷、澳大利亚和美国）是虚拟水净出口国，而主要的粮食进口国（如日本、北非和欧洲等国家）则是虚拟水净进口国（Mekonnen and Hoekstra，2011）。

虚拟水概念最初是作为缓解水资源短缺国家的水压力而提出来的，即进口需要消耗大量水资源的商品（这些商品在水资源丰富的国家生产），以缓解该国家的水资源压力。然而，许多研究表明，虚拟水策略在国际贸易数据中并未得到体现。例如，Ramirez-Vallejo 和 Rogers（2004）发现，已观测到的国际市场交易模式与水资源禀赋无关。de Fraiture 等（2004）认为，节约的水资源不可能总是被重新分配到有益于缓解水资源压力的用途（如缓解生态用水），这意味着在决定国家贸易战略时，经济和政治考虑可能比水资源短缺具有更大的影响力。Wichelns（2010）表明，基于虚拟水视角的交易策略与比较优势的经济概念不一致，制定最优政策的标准不能仅仅考虑水资源压力。类似地，一些研究发现，受土地资源禀赋、劳动力成本和制度等其他因素的制约，水资源相对丰富的国家往往进口水密集型产品，而水资源短缺的国家则出口水密集型产品（Kumar and Singh，2005）。

类似的结论也体现在中国虚拟水贸易的研究中。例如，Guan 和 Hubacek（2007）发现，中国北方水资源短缺地区主要输出水密集型产品，而南方水资源相对丰富地区则主要输入水密集型产品。Feng 等（2014）将研究范围扩大到中国所有省份，并将水资源压力指数纳入虚拟水贸易的分析中，他们发现，经济高度发达和水资源丰富的沿海省份的虚拟水输入很大程度地依赖于水资源短缺的北方省份（如新疆、河北和内蒙古），这也使得北方地区的水资源短缺程度显著加剧。同样，Zhao 等（2015）的研究表明，每年从经济贫困和水资源短缺的西北地区流向经济相对富裕和水资源相对丰富的沿海地区的虚拟水量已远远超过南水北调工程规划的调水量。Zhuo 等（2016a，2016b）证明，中国自 2000 年以来与作物有关的虚拟水贸易呈现从北到南的变化特征，因此南方地区越来越依赖于水资源短缺的北方地区的粮食供应。同时他们的研究结果证实，中国虚拟水贸易主要受经济和政府政策的影响，而不是区域间水资源的差异。

这些研究的一个重要结论是，在决定虚拟水贸易和虚拟水量的因素中，人口密度、土地资源禀赋、政策考量和水价等因素可能比水资源禀赋有更高的重要性。比较优势理论是关于个人、企业或国家从贸易中获得利益的经济学理论，这些利益源于国家间资源禀赋或技术进步的差异，而机会成本是比较优势理论的一个关键概念（Deardorff et al.，2005；Deardorff，2014；Dornbusch et al.，1977，2004；Hidalgo and Hausmann，2009；Hartmann et al.，2015）。这一理论为解释商品贸易的驱动力提供了重要的理论支撑。同样，所有这些影响虚拟水贸易的因素也可以通过比较优势理论来解释，即考虑贸易伙伴之间比较优势的差异以及不同资源生产力的分布模式差异。然而，以前的研究只提供一些叙述性的解释或假设性的例子。例如，López-Morales 和 Duchin（2015）将矩形技术选择模型（RCOT）代入到投入产出框架中，量化了水资源丰富地区粮食生产的比较优势。然而，他们的模型主要关注水资源禀赋对农业生产的制约，而没有考虑土地资源禀赋以及农业和非农业部门之间对土地、水和劳动力 3 种资源的竞争。其他研究更是概念性的，如 Wichelns（2010）使用一个假设性的例子，评估了两个虚拟国家的水资源禀赋差异带来的比较优势，并阐述它是如何影响最优交易策略的。大多数研究没有在多区域背景下，对虚拟水贸易相关的不同生产要素之间的比较优势进行定量评价。为了填补这一研究空白，本研究选择土地利用、劳动力投入和水资源消耗作为主要生产要素，在多部门框架下根据机会成本理论研究虚拟水贸易和比较优势之间的关系。首先，评估了 2015 年中国 31 个省级行政区（不包括香港、澳门和台湾）的资源生产率的空间分布，呈现了不同资源生产率在 1995～2015 年的变化特征。其次，基于比较优势理论，量化了各资源在 3 种部门（农业、工业和服务业）的比较优势。最后，基于计量经济理论，识别出资源生产率的空间分布是否与中国省份间虚拟水贸易的模式有明显的关联。

选择中国作为主要研究区的原因如下：首先，中国在较长时间段都呈现出了区域发展不平衡的特点，这种不平衡与区域间要素生产率的差异以及资源禀赋的差异有关。改革开放时期的区域分工和经济腾飞导致区域间商品贸易的大幅增长，因此，跨区域贸易所承载的虚拟水流量是巨大的（Wang et al.，2022；Sheng et al.，2019）。其次，中国作为世界上最大的出口国和第二大经济体，其出口贸易在全球经济中占有重要地位。中国区域间贸易结构的动态变化将对全球贸易和全球经济产生重大影响。最后，目前还没有研究揭示中国水资源短缺地区向水资源相对丰富地区输出虚拟水的原因,这种贸易结构持续了很长时间,却造成水资源的不可持续。为了填补这一重要研究空白,必须对形成虚拟水贸易时空格局的关键因素进行系统分析。

5.2 虚拟水研究方法

5.2.1 投入产出表法核算虚拟水贸易

本书中 2007 年、2010 年和 2012 年中国 30 个省份(因数据原因,不包括香港、澳门、台湾和西藏)之间的虚拟水量是根据环境多区域投入产出分析(不包括国际进口和出口)计算的,如式(5-1)和式(5-2)所示:

$$\text{vwe}^s = d^s (I - A^{ss})^{-1} \sum_{r \neq s} e^{sr} \tag{5-1}$$

$$\text{vwi}^s = \sum_{r \neq s} d^r (I - A^{rr})^{-1} e^{rs} \tag{5-2}$$

式中,d^s、A^{ss} 和 e^{sr} 是 s 地区的直接用水强度、本地中间投入的技术系数和 r 省从 s 省的输入量;d^r、A^{rr} 和 e^{rs} 是 r 地区的直接用水强度、本地中间投入的技术系数和 r 省对 s 省的输出量;vwe^s 是 s 省的虚拟水输出量,即其他地区从 s 省输入的虚拟水量。我们通过计算其他地区从 s 省输入的虚拟水贸易量总和得到 vwe^s。vwi^s 表示 s 省的虚拟水输入量,即其他地区对 s 省输出的虚拟水贸易量。通过计算其他地区对 s 省输出的虚拟水流量总和得到 vwi^s。

s 省的净虚拟水输出量 (y_p) 等于 s 省向其他省份输出的虚拟水量减去 s 省从其他省份输入的虚拟水量,如式(5-3)所示。

$$y_p = \text{vwe}^s - \text{vwi}^s \tag{5-3}$$

更多的计算细节可参考 Zhao 等(2017)。在本研究中,对各省份的 30 个经济部门的虚拟水进行了整合。表 5-1 显示了 2007 年、2010 年和 2012 年中国 30 个省份的虚拟水交易情况。

表 5-1 中国的虚拟水贸易 (单位:10^6m^3)

省份	2007 年			2010 年			2012 年		
	输出	输入	净输出	输出	输入	净输出	输出	输入	净输入
北京	292	3 394	−3 102	302	2 670	−2 368	609	4 098	−3 489
天津	453	4 594	−4 141	470	3 081	−2 611	447	2 226	−1 779
河北	11 780	4 514	7 266	9 465	3 310	6 155	8 941	7 184	1 757
山西	861	1 140	−279	1 252	1 392	−140	662	1 638	−976

续表

省份	2007年			2010年			2012年		
	输出	输入	净输出	输出	输入	净输出	输出	输入	净输入
内蒙古	8 126	691	7 435	4 553	1 074	3 479	6 368	3 751	2 617
辽宁	862	1 614	−752	612	1 698	−1 086	939	3 140	−2 201
吉林	1 543	3 233	−1 690	1 263	2 346	−1 083	1 261	642	619
浙江	3 106	1 470	1 636	1 972	1 420	552	2 802	2 948	−146
上海	632	6 645	−6 013	643	6 094	−5 451	222	3 393	−3 171
江苏	2 462	6 091	−3 629	2 951	5 335	−2 384	3 555	4 567	−1 012
浙江	959	4 730	−3 771	1 020	4 085	−3 065	1 085	4 232	−3 147
安徽	2 208	2 454	−246	1 897	2 255	−358	2 446	3 478	−1 032
福建	756	1 563	−807	651	1 255	−604	422	595	−173
江西	569	1 270	−701	721	1 173	−452	1 031	1 190	−159
山东	3 237	7 313	−4 076	4 963	6 031	−1 068	2 765	7 866	−5 101
河南	8 061	3 698	4 363	5 255	3 232	2 023	8 230	3 449	4 781
湖北	2 287	1 984	303	2 003	1 641	362	762	495	267
湖南	1 548	1 100	448	674	1 146	−472	1 134	1 410	−276
广东	1 662	5 683	−4 021	1 685	4 807	−3 122	786	3 694	−2 908
广西	1 573	1 030	543	1 418	1 038	380	1 856	850	1 005
海南	103	74	29	188	85	103	659	650	9
重庆	522	1 143	−621	550	1 014	−464	848	1 649	−801
四川	1 245	1 390	−145	1 468	1 196	272	978	1 426	−448
贵州	422	647	−225	628	536	92	688	941	−253
云南	853	714	139	1251	701	550	1959	1509	450
陕西	2 014	1 819	195	1 370	2 160	−790	1 910	2 399	−489
甘肃	945	631	314	966	674	292	2 374	949	1 425
青海	55	249	−194	237	489	−252	189	339	−150
宁夏	1 064	319	745	1 460	299	1 161	640	376	264
新疆	11 679	683	10 996	10 958	607	10 351	15 232	718	14 514

水资源压力指数（W_s）是指用水量（w_c）对当地可用水资源量（Q）的压力，表示为

$$W_s = \frac{w_c}{Q} \quad (5\text{-}4)$$

式中，用水量（w_c）是指用户消耗的总水量；Q是指可再生淡水的可利用量。不同类别的W_s列于表5-2中，用于评价水资源压力程度高低（Zhao et al., 2015）。表5-3呈现了各省

份的水压力指数（即 WSI）。

表 5-2 不同水压力下中国虚拟水贸易

用水压力指标	水平
无压力	<0.2
中等压力	[0.2, 0.4)
重度压力	[0.4, 1]
极度压力	>1

资料来源：Zhao 等（2015）。

表 5-3 各省份的水压力指数

省份	WSI	分类
宁夏	3.6	极度
天津	1.3	极度
河北	1.1	极度
北京	0.8	重度
山东	0.8	重度
山西	0.6	重度
辽宁	0.5	重度
甘肃	0.5	重度
江苏	0.4	重度
河南	0.4	重度
新疆	0.4	重度
黑龙江	0.3	中等
上海	0.3	中等
内蒙古	0.2	中等
吉林	0.2	中等
浙江	0.1	无压力
安徽	0.1	无压力
福建	0.1	无压力
江西	0.1	无压力
湖北	0.1	无压力
湖南	0.1	无压力
广东	0.1	无压力
广西	0.1	无压力

续表

省份	WSI	分类
海南	0.1	无压力
重庆	0.1	无压力
四川	0.1	无压力
贵州	0	无压力
云南	0	无压力
陕西	0.2	无压力
青海	0	无压力
西藏	0	无压力

为了利用式（5-1）~式（5-3）计算各省份不同资源的生产力，需要农业、工业和服务业部门的区域国内生产量（或经济产出量）、土地利用信息、劳动力投入水平以及水消耗量。区域国内生产的数据从1996年、2001年、2006年、2011年、2016年的《中国统计年鉴》、《中国农业年鉴》和《中国农村统计年鉴》获取。地区GDP按2005年不变价格计算。每个行业的土地利用面积来自住房和城乡建设部公布的数据。这些年鉴提供了不同尺度的土地利用数据，因此，我们根据《土地利用现状分类》和《国民经济分类》将这些数据整合成与地区GDP相同的尺度。区域中各部门的劳动力数据来自1996年、2001年、2006年、2011年和2016年的《中国劳动统计年鉴》、《中国统计年鉴》和《中国农村统计年鉴》。Liu等（2014）、Mi等（2017）编制了2007年、2010年和2012年中国多地区投入产出表，我们结合这些投入产出表计算出各省份之间的虚拟水贸易。我们从各省级水资源公报中收集了用水量和当地年度可用水量的数据，并使用城镇化率来估算各省份服务业的用水量。

5.2.2 比较优势法分析虚拟水驱动机制

生产力是指每单位资源投入所获得的以实物或货币为单位的产出量（Upadhyaya and Alok，2016）。为了能够比较不同资源投入的生产力，我们使用货币单位代表资源生产力。式（5-5）~式（5-7）指的是每单位土地（km²）、劳动力（人）和水资源（m³）的生产力。

$$p_l^{ij} = e^{ij}/l_a^{ij}(i=1,2,3;j=1,2,\cdots,31) \tag{5-5}$$

$$p_{lf}^{ij} = e^{ij}/l_{fw}^{ij}(i=1,2,3;j=1,2,\cdots,31) \tag{5-6}$$

$$p_w^{ij} = e^{ij}/w_c^{ij}(i=1,2,3;j=1,2,\cdots,31) \tag{5-7}$$

式中，e^{ij} 是 i 行业在 j 地区的 GDP（10^6 元/a）；p_l^{ij} 是 i 行业在 j 地区的土地生产力（10^6 元/km^2）；l_a^{ij} 是 i 行业在 j 地区的土地利用面积（km^2/a）；p_{lf}^{ij} 是 j 地区 i 产业的劳动力生产力（元/人）；l_{fw}^{ij} 是 j 地区 i 产业的总就业人数（人/a）；p_w^{ij} 是 j 地区 i 产业的水资源生产力（元/m^3）；w_c^{ij} 是 j 地区 i 产业的耗水量（m^3/a）。在本研究中，我们对 3 个整合的经济部门进行了研究，分别为农业部门、工业部门（包括工业、制造业和建筑业）和服务业部门。

本书引入机会成本和比较优势的概念，以评估一个地区与另一个地区相比在某个部门的生产优势（Deardorff，2014）。机会成本是经济学中的一个关键概念，它代表了个人、投资者或企业在选择一个替代方案时从所有其他替代方案中错过的利益（Buchanan，2008）。这意味着，如在本书的案例中，当使用每单位的特定资源（如水）来生产农业产品时，该地区必须同时放弃使用它来生产非农业产品，反之亦然。换言之，这一单位资源不再能用于其他用途，而机会成本是这一单位资源的最佳替代用途所带来的收益。式（5-8）和式（5-9）是指每单位土地（km^2）、劳动力（人）和水（m^3）的农业产品和非农业产品的机会成本。

$$\text{OC}_r^{\text{Agriculture}} = \max\{p_j^{\text{Secondary}} - p_j^{\text{Tertiary}}\}, (r=1,2,3; j=1,2,\cdots,31) \quad (5-8)$$

$$\text{OC}_r^{\text{Non-Agriculture}} = p_r^{\text{Agriculture}}, (r=1,2,3; j=1,2,\cdots,31) \quad (5-9)$$

式中，$\text{OC}_r^{\text{Agriculture}}$ 是农业产品的机会成本，等于资源 r（土地、劳动力和水）在工业部门的生产力和服务部门的生产力之间的最大值；$\text{OC}_r^{\text{Non-Agriculture}}$ 是非农业产品的机会成本，等于资源 r 在农业部门的生产力。

在不同的地区和部门，每单位资源（土地、劳动力和水）的消耗将获得不同的经济效益。比较优势是一种基于机会成本计算，并进行差异比较的方法，如式（5-10）所示。

$$\text{CA}_r^j = \frac{\text{OC}_r^{j,\text{Agriculture}}}{\text{OC}_r^{j,\text{Non-Agriculture}}} > \text{CA}_r^k = \frac{\text{OC}_r^{k,\text{Agriculture}}}{\text{OC}_r^{k,\text{Non-Agriculture}}} \quad (5-10)$$

式（5-10）表明，与地区 k 相比，地区 j 消耗资源 r 生产非农业商品比生产农业商品有比较优势。为了探究某一资源的比较优势与虚拟水量之间的关系，即为了理清哪种资源的比较优势是驱动虚拟水输出的重要因素，本研究利用计量经济中的多变量线性回归分析模型，在控制相关的地理特征的情况下，检验机会成本与净虚拟水流量之间的统计关系（Hartmann et al.，2015）。本研究以式（5-11）作为研究这 3 种资源作用的基本回归方程。

$$y_p = \delta_1 d_{\text{east}} + \delta_2 d_{\text{middle}} + \delta_3 d_{10} + \delta_4 d_{12} + \beta_1 X_{1p} + \beta_2 X_{2p} + \beta_3 X_{3p} + \beta_4 X_{4p} + \beta_5 X_{5p}$$
$$+ \beta_6 X_{6p} + \beta_7 \log(\text{pop}) + \beta_8 \log(\text{irr}) + \beta_0 + \varepsilon \quad (5-11)$$

式中，y_p 是 p 省份对其他省份的净虚拟水输出；d_{east} 和 d_{middle} 是区域哑变量，反映了区域间在地理特征、发展水平和平均技术水平等方面的差异。东部、中部和西部地区是按区域人均 GDP 进行分类的，各省份的区域属性见表 5-4，pop 是区域人口；irr 是区域灌溉面积；d_{10} 和 d_{12} 是时间哑变量，反映时间异质性；$X_{1p} \sim X_{6p}$ 是本研究分析中的 6 个关键因素，分别代表土地资源对农业生产的机会成本（X_{1p}）、土地资源对非农业生产的机会成本（X_{2p}）、劳动力资源对农业生产的机会成本（X_{3p}）、劳动力资源对非农业生产的机会成本（X_{4p}）、水资源对农业生产的机会成本（X_{5p}）以及水资源对非农业生产的机会成本（X_{6p}）。回归方程中的系数若为正数且在统计意义上具有显著性，表明虚拟水输出随着机会成本的增加而增加。相反，系数若为负数且具有统计意义上的显著性，表明虚拟水输出和机会成本之间存在负相关的关系。需要说明的是，式（5-1）~式（5-5）中的6个解释变量包括了地区GDP的基本组成部分，因此我们没有将GDP作为一个单独的变量，以避免多重共线性。换言之，本研究将地区GDP的基本组成部分纳入比较优势的衡量标准中，因此可以分析资源的比较优势差异是否会对虚拟水流量产生显著的影响。

表 5-4 省份类别

东部地区	中部地区	西部地区
北京	山西	内蒙古
天津	吉林	广西
河北	黑龙江	重庆
辽宁	安徽	四川
上海	江西	贵州
江苏	河南	云南
浙江	湖北	陕西
福建	湖南	甘肃
山东		青海
广东		宁夏
海南		新疆

资料来源：国家统计局。

在本研究中，各部门和各省份的净虚拟水流量是因变量，而自变量是用于农业生产、工业生产和服务业部门的机会成本。我们使用方差膨胀因子（variance inflation factor，VIF）来检验所有自变量之间的共线性。结果显示，所有的 VIF 都小于 10（经验阈值），因此这些变量之间不存在程度较高的共线性。表 5-5 呈现了 VIF 的具体数据结果。考虑到数据的有效性，计量经济模型是基于 2007 年、2010 年和 2012 年 30 个省份的面板数据集建立的。

表 5-5 自变量的 VIF

变量	VIF
d_{east}	4.87
d_{middle}	1.56

续表

变量	VIF
d_{10}	1.92
d_{12}	3.25
X_{1p}	4.12
X_{2p}	8.17
X_{3p}	2.76
X_{4p}	4.47
X_{5p}	3.56
X_{6p}	1.64
log(pop)	7.55
log(irr)	8.14

y_p表示从 p 省份对中国所有其他省份的净虚拟水输出。有两种类型的方法经常被用来计算虚拟水流量。自下而上的方法通常用于水足迹核算，即通过使用详细的贸易数据，将每单位产品的耗水量乘以产品的交易量来估计虚拟水贸易量（Chapagain and Hoekstra，2008；Orlowsky et al.，2014；da Silva et al.，2016；Zhuo et al.，2016a，2016b）。这种方法可以从相对成熟的数据库获取到可用的数据，因此已经成为水足迹研究中最受欢迎的方法之一（Mekonnen and Hoekstra，2011；Hoekstra and Mekonnen，2012）。另一种是自上而下的方法，即根据国家统计机构提供的投入产出表，通过追踪整个区域、国家或全球供应链来计算虚拟水流量。在这种方法中，生产过程中的耗水归因于最终消费者而不是中间消费者。这种方法在经济部门的水平上是将生产工艺和产品的耗水进行汇总，且通常将经济部门的耗水与环境的投入产出分析结合起来（Zhao et al.，2015，2017；Raul and Gaur，2017；White et al.，2018；Cai et al.，2019）。Feng 等（2014）、Hubacek 和 Feng（2016）对这两种方法进行了详细比较。

5.3 土地、劳动力和水资源生产力空间分布格局

图 5-1 和表 5-6 展示了 2015 年土地、劳动力和水等资源生产力的空间分布特征。2015 年中国的平均土地生产力对于农业部门是 150 万元/km^2，对于工业部门是 7.442 亿元/km^2，对于服务业部门是 5.75 亿元/km^2。工业部门的土地生产力是农业部门的 496 倍（表 5-6）。土地生产力的最高值出现在天津工业部门（141 130 万元/km^2），最低值则出现在宁夏农业部门（90 万元/km^2）。北京在农业和服务业方面有最高的土地生产力，分别为 300 万元/km^2 和 139 210 万元/km^2。然而，由于北京在中国的特殊地位，它的产业结构正在从资源

密集型产品向更为先进的服务产品转变,大多数居民的生计和大多数必需品都依赖从国内其他地区输入或国外进口。因此,尽管北京农业部门的生产力非常高,但实际上服务业部门有更高的土地生产力。图5-1(a)~(c)表明,土地生产力的大部分高值都出现在中国东部沿海地区,特别是长江三角洲(YRD)、环渤海经济带(BER)和珠江三角洲(PRD),而几乎所有的低值都位于经济欠发达的中国西北地区。

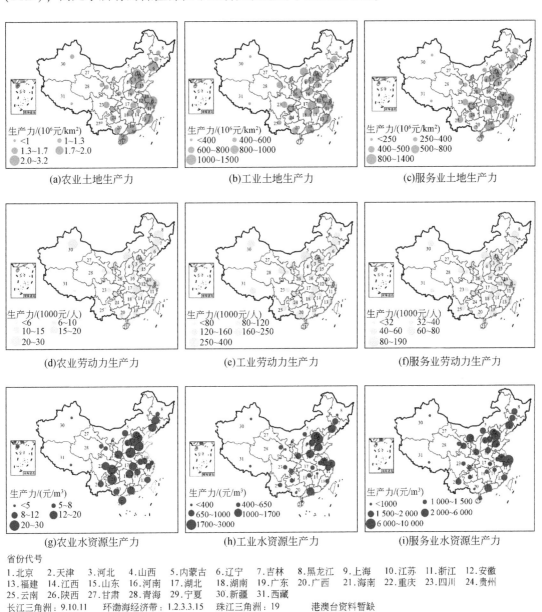

图 5-1 土地、劳动力和水资源生产力的空间分布

表 5-6 2015 年土地、劳动力、水资源生产力

地区	农业土地生产力/(10^6 元/km^2)	工业土地生产力/(10^6 元/km^2)	服务业土地生产力/(10^6 元/km^2)	农业劳动力生产力/(10^3 元/人)	工业劳动力生产力/(10^3 元/人)	服务业劳动力生产力/(10^3 元/人)	农业水资源生产力/(元/m^3)	工业水资源生产力/(元/m^3)	服务业水资源生产力/(元/m^3)
北京	3.0	548.6	1 392.1	13.2	122.3	93.8	13.8	2 346.5	4 725.8
天津	2.3	1 411.3	1 121.9	19.9	253.1	189.5	13.4	2 870.0	6 035.2
河北	1.7	727.0	412.3	13.6	109.3	57.8	14.9	696.6	1 680.1
山西	0.9	532.4	434.7	7.2	95.4	56.1	10.3	311.6	1 860.3
内蒙古	0.9	834.7	365.9	17.5	374.2	65.6	9.5	539.1	1 835.4
辽宁	2.1	683.4	672.4	18.0	170.2	73.5	15.1	1 103.0	2 125.0
吉林	1.2	664.2	471.1	17.9	192.5	50.5	15.3	810.4	1 519.8
浙江	1.2	307.7	436.7	24.2	159.5	78.8	7.0	362.2	1 747.3
上海	2.0	366.6	890.5	26.7	121.0	89.9	7.2	1 549.4	11 911.1
江苏	2.3	1 016.9	884.8	28.0	87.9	90.3	9.8	1 162.3	3 246.6
浙江	2.3	1 032.1	852.2	13.2	66.6	63.4	11.0	804.2	1 949.4
安徽	1.1	601.8	323.9	8.5	98.5	40.2	10.6	540.1	1 118.3
福建	2.6	1 169.7	733.7	13.9	123.6	61.3	10.7	644.5	1 962.3
江西	1.1	671.4	337.3	9.0	101.4	36.9	8.1	344.7	1 004.1
山东	1.8	791.6	609.7	13.7	129.8	68.1	22.9	1 677.1	3 258.2
河南	1.4	838.2	409.3	9.8	96.6	51.9	25.5	1 121.3	1 531.5
湖北	1.6	854.6	596.3	18.3	140.7	41.5	16.1	491.2	1 194.0
湖南	1.6	912.9	569.7	10.0	140.3	52.2	14.7	595.9	1 429.3
广东	2.4	877.8	910.5	10.6	108.3	67.0	13.2	1 337.3	2 083.8
广西	1.5	725.3	395.5	7.7	165.7	34.4	11.0	314.9	604.9
海南	2.3	363.5	353.4	12.4	129.2	52.2	14.4	363.1	1 351.1
重庆	1.2	867.9	697.8	9.8	111.9	42.6	28.3	400.7	1 322.2
四川	1.4	638.5	437.0	8.8	106.1	38.3	18.8	487.9	1 007.8
贵州	1.4	540.2	405.6	8.7	125.6	31.2	26.3	432.6	1 142.6
云南	0.9	597.9	411.6	5.6	122.2	43.4	11.4	445.5	1 623.9
陕西	1.3	1 161.0	410.4	8.6	173.7	50.4	18.3	943.4	1 538.5
甘肃	1.1	397.6	292.4	8.1	87.7	34.9	7.3	384.6	1 745.8

续表

地区	农业土地生产力/(10^6 元/km²)	工业土地生产力/(10^6 元/km²)	服务业土地生产力/(10^6 元/km²)	农业劳动力生产力/(10^3 元/人)	工业劳动力生产力/(10^3 元/人)	服务业劳动力生产力/(10^3 元/人)	农业水资源生产力/(元/m³)	工业水资源生产力/(元/m³)	服务业水资源生产力/(元/m³)
青海	1.0	646.8	377.7	8.0	186.1	53.8	6.5	565.2	1 371.2
宁夏	0.9	473.1	252.1	12.0	152.6	45.4	4.7	277.7	3 293.6
新疆	1.2	279.0	218.3	20.3	200.1	58.9	2.5	395.3	873.7
西藏	1.0	267.7	194.9	4.7	154.7	35.3	1.5	95.7	721.2
平均	1.5	744.2	575.0	11.8	115.2	59.3	11.5	729.5	1 846.4

从劳动力生产力的空间分布来看，如果一个工人能够自由地选择进入农业、工业还是服务业，他/她将分别创造 1.18 万元、11.52 万元或 5.93 万元的经济价值（表 5-7）。可见，工业部门的劳动力生产力是农业的 10 倍左右，是服务业的 2 倍左右。具体而言，农业部门的劳动生产力最低值出现在西藏（0.47 万元/人），最高值出现在江苏（2.8 万元/人）。此外，工业部门的劳动力生产力在浙江呈现最低值（6.66 万元/人），在内蒙古呈现最高值（37.42 万元/人）；而服务业劳动力生产力在贵州呈现最低值（3.12 万元/人），在天津呈现最高值（18.95 万元/人）。从劳动力生产力的空间分布特征来看，农业劳动力生产力的高值分散在不同地区（包括江苏、上海、黑龙江、新疆和天津）；但工业劳动力生产力的热点地区则为几个北方地区，如内蒙古、天津、新疆和吉林。东部地区的服务业经济相对繁荣，西南地区在农业和服务业方面的劳动力生产力都远远落后。

水资源生产力的结果表明，服务行业每单位用水量获得的经济效益最高（1846.4 元/m³），其次是工业和农业（分别为 729.5 元/m³ 和 11.5 元/m³）。这些发现与 Ye 等（2018）的研究结果相似，即农业部门的水资源生产力最低，且消耗的水资源最多，是最主要的耗水部门。在 3 种经济部门中，水资源生产力最高值和最低值之间有着巨大的差距。这种差距在农业是 19 倍，工业是 30 倍，服务业是 20 倍。水资源生产力的空间格局如图 5-1 所示，农业部门的水资源生产力的高值主要分布在中国地图的对角线上（重庆、贵州、河南、山东等）。与土地生产力的空间分布类似，工业和服务业部门的水资源生产力的高值集中在长江三角洲、环渤海经济带和珠江三角洲，低值则集中在西部地区。

5.4　比较优势空间分布格局

图 5-2 展示了 2015 年土地、劳动力和水资源的比较优势的空间分布，更详细的信息

见表5-7。从全国平均值来看，土地、劳动力和水3种资源在非农业用途的机会成本是其在农业用途的机会成本的508.5倍、9.8倍和160.0倍。对于土地资源，如果土地从非农业用途改为种植作物，陕西将承担最高的机会成本，这相当于土地在非农业用途的生产力是其农业用途的生产力的900余倍。另外，海南拥有最低机会成本，因为该地区3种资源生产力的差距很小，其次是新疆。在劳动力方面，比较优势的趋势从江苏的3.2升高到西藏的32.6。在大多数西部地区（西藏、青海、云南和广西），由于农业和非农业部门的劳动力生产力差距大，比较优势超过20，但对于沿海发达地区（浙江、上海和江苏），这一数值低于6。水资源的比较优势在不同地区呈现出相当大的差异。最高的比较优势数值出现在上海（高于1600），而最低的比较优势数值位于贵州（仅约为43）。此外，中国北方的大部分水资源短缺地区（除吉林和陕西外）工业用水比较优势数值都较高。

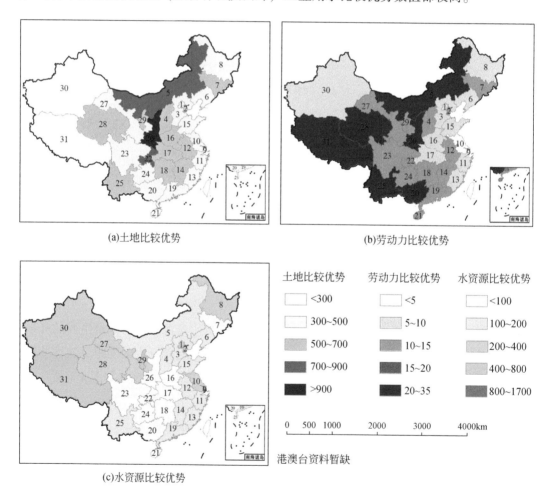

图 5-2　土地、劳动力和水资源的比较优势的空间分布

表 5-7 2015 年土地、劳动力和水资源的比较优势

地区	土地比较优势	劳动力比较优势	水资源比较优势
北京	461.3	9.2	342.5
天津	610.4	12.7	450.8
河北	427.2	8.0	112.7
山西	578.7	13.2	181.4
内蒙古	887.1	21.3	193.6
辽宁	323.2	9.4	141.0
吉林	544.3	10.8	99.4
浙江	378.6	6.6	249.1
上海	437.4	4.5	1650.9
江苏	436.9	3.2	331.0
浙江	448.4	5.1	177.8
安徽	544.7	11.6	105.2
福建	455.6	8.9	183.3
江西	636.4	11.2	123.5
山东	428.2	9.5	142.4
河南	607.0	9.8	60.1
湖北	532.5	7.7	74.0
湖南	581.5	14.1	97.3
广东	386.0	10.3	157.5
广西	494.2	21.4	54.8
海南	155.7	10.4	93.8
重庆	716.1	11.4	46.7
四川	453.1	12.1	53.5
贵州	379.1	14.5	43.1
云南	636.9	21.7	142.3
陕西	903.1	20.2	84.1
甘肃	369.9	10.8	240.3
青海	638.0	23.3	210.8
宁夏	514.5	12.7	699.6
新疆	230.9	9.8	352.6

续表

地区	土地比较优势	劳动力比较优势	水资源比较优势
西藏	281.0	32.6	485.2
平均	508.5	9.8	160.0

5.5 资源生产力和比较优势时间演变趋势

图 5-3 和表 5-8 展示了 1995~2015 年土地、劳动力和水资源生产力和比较优势的变化。可以看出，所有的指标都随着时间增加而增加，农业部门单位土地生产力略有增加（即从 97 万元/km² 增加到 146 万元/km²），劳动力生产力从 4645 元/人增加到 11 758 元/人，水资源生产力从 6 元/m³ 增加到 12 元/m³。然而，工业部门生产力在过去 20 年急剧增长，表现为土地生产力增长 3.67 倍，劳动力生产力增长 5.97 倍，水资源生产力增长 8.59 倍。类似的结果也出现在服务业。这些结果表明，农业和非农业部门之间的全国平均资源生产力在 1995~2015 年不断提高。最重要的是，农业和工业部门之间的土地资源生产力的差异从 1995 年的 209 倍增长到 2015 年的 510 倍。相比之下，全国平均每单位劳动力比较优势的变化范围为 4.2~9.8，这一数值对于水资源而言是从 1995 年的 38 变化到 2015 年的 154。

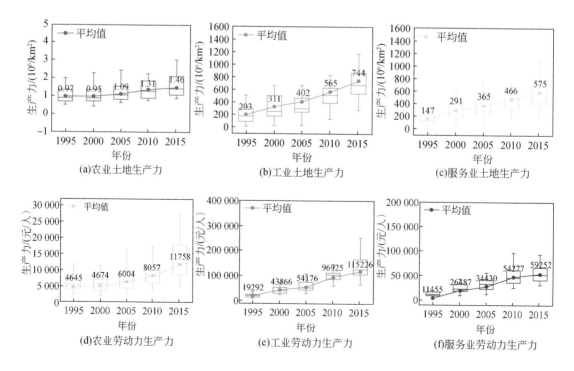

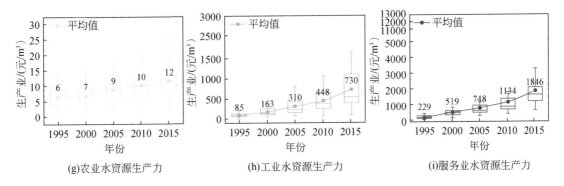

(g)农业水资源生产力　　(h)工业水资源生产力　　(i)服务业水资源生产力

图 5-3　土地、劳动力和水资源生产力的时间变化

表 5-8　中国土地、劳动力和水资源生产力的时间变化

年份	每单位土地 比较优势	每单位劳动力 比较优势	每单位水资源 比较优势
1995	2	4.2	38
2000	3.3	9.4	74
2005	3.7	9	83
2010	4.3	12	113.4
2015	5	9.8	154

5.6　净虚拟水输出与机会成本

表 5-9 报道了 9 个多变量（集合）面板回归的结果，其中虚拟水净输出量作为因变量，而用于农业和非农业生产的资源的机会成本作为关键解释变量。第 Ⅰ～Ⅸ 列说明了一系列嵌套模型，将虚拟水净输出量与 X_{1p}、X_{2p}、X_{3p}、X_{4p}、X_{5p}、X_{6p}、$\log(\text{pop})$ 和 $\log(\text{irr})$ 进行回归。

表 5-9　多变量面板数据回归结果

变量	独立变量：净虚拟水输出								
	Ⅰ	Ⅱ	Ⅲ	Ⅳ	Ⅴ	Ⅵ	Ⅶ	Ⅷ	Ⅸ
d_{east}	-1.212*** (0.33)	-1.174*** (0.34)	-0.506* (0.26)	-1.216*** (0.33)	-1.183*** (0.33)	-1.107*** (0.32)	-1.221*** (0.33)	-1.164*** (0.37)	-0.966** (0.39)
d_{middle}	-0.556*** (0.20)	-0.581*** (0.21)	-0.558** (0.22)	-0.563*** (0.20)	-0.592*** (0.20)	-0.557*** (0.21)	-0.556*** (0.20)	-0.622*** (0.23)	-0.487** (0.24)

续表

	独立变量：净虚拟水输出								
变量	I	II	III	IV	V	VI	VII	VIII	IX
d_{10}	−0.146 (0.21)	−0.185 (0.22)	−0.015 (0.22)	−0.134 (0.20)	−0.116 (0.21)	−0.104 (0.21)	−0.142 (0.21)	−0.084 (0.24)	0.007 (0.25)
d_{12}	−0.211 (0.28)	−0.335 (0.27)	−0.015 (0.28)	−0.198 (0.26)	−0.194 (0.28)	−0.12 (0.27)	−0.2 (0.27)	−0.028 (0.31)	0.135 (0.32)
X_{1p}	−0.295** (0.15)		−0.105 (0.14)	−0.286** (0.14)	−0.271* (0.15)	−0.246* (0.14)	−0.290** (0.15)	−0.443** (0.16)	−0.426** (0.18)
X_{2p}	0.656*** (0.21)	0.485** (0.19)		0.651*** (0.20)	0.549*** (0.18)	0.544*** (0.19)	0.657*** (0.21)	0.375* (0.22)	0.171 (0.23)
X_{3p}	0.021 (0.12)	−0.068 (0.12)	−0.032 (0.13)		−0.018 (0.11)	0.004 (0.12)	0.022 (0.12)	0.211 (0.13)	0.194 (0.14)
X_{4p}	−0.152 (0.15)	−0.1 (0.15)	0.1 (0.14)	−0.143 (0.14)		−0.02 (0.12)	−0.155 (0.15)	0.111 (0.16)	0.302* (0.16)
X_{5p}	0.186 (0.14)	0.118 (0.14)	0.015 (0.13)	0.184 (0.14)	0.1 (0.11)		0.182 (0.14)	−0.05 (0.14)	−0.262* (0.14)
X_{6p}	0.021 (0.09)	−0.008 (0.09)	0.032 (0.10)	0.021 (0.09)	0.028 (0.09)	0.006 (0.09)		−0.114 (0.10)	−0.082 (0.11)
log(pop)	−0.906*** (0.20)	−0.994*** (0.20)	−0.718*** (0.20)	−0.918*** (0.19)	−0.831*** (0.19)	−0.803*** (0.19)	−0.892*** (0.19)		0.143 (0.11)
log(irr)	1.229*** (0.21)	1.291*** (0.21)	0.972*** (0.20)	1.237*** (0.20)	1.127*** (0.18)	1.074*** (0.17)	1.220*** (0.20)	0.396*** (0.11)	
截距	0.712*** (0.25)	0.759*** (0.25)	0.345 (0.23)	0.706*** (0.24)	0.695*** (0.25)	0.629** (0.24)	0.710*** (0.25)	0.630** (0.28)	0.437 (0.29)
观测	90	90	90	90	90	90	90	90	90
调整后的 R^2	0.53	0.512	0.476	0.536	0.53	0.525	0.536	0.412	0.325
F 统计	9.373***	9.494***	8.359***	10.352***	10.139***	9.951***	10.347***	6.678***	4.887***
自由度	(12, 77)	(11, 78)	(11, 78)	(11, 78)	(11, 78)	(11, 78)	(11, 78)	(11, 78)	(11, 78)
p-value	7.24×10^{-11}	1.35×10^{-10}	1.68×10^{-9}	2.20×10^{-11}	3.42×10^{-11}	5.08×10^{-11}	2.22×10^{-11}	9.39×10^{-8}	1.04×10^{-5}

I 列包括所有变量；II ~ IX 列排除变量块以探索每组变量对完整模型的贡献。所有解释变量均为标准化。括号内数字为计算误差。

* $p<0.1$；** $p<0.05$；*** $p<0.01$。

在几乎所有的模型中，X_{2p} 作为虚拟水净输出量预测因子，是正值且具有显著性；而 X_{1p} 与因变量呈负相关关系。所有的变量加在一起可以解释31个省（自治区、直辖市）在整个时期的虚拟水净输出量方差的53%（表5-9，第Ⅰ栏）。然而，X_{2p}被证明是回归分析中最重要的变量，因为在考虑所有其他变量的影响后，它仍可以解释虚拟水净输出量的最大百分比。具体地，X_{2p}的半偏相关（即考虑所有变量的完整模型的修正R^2和只去除X_{2p}后的模型的修正R^2之差）为5.4%（0.476~0.53），意味着5.4%的虚拟水净输出量方差可以由X_{2p}解释，其次为X_{1p}。相比之下，其他关键解释变量（$X_{3p} \sim X_{6p}$）在模型Ⅰ~模型Ⅷ中在统计学意义上没有表现显著性，也不能提高模型的准确性。当模型不考虑灌溉用地时（第Ⅸ栏），X_{4p}和X_{5p}对虚拟水流量的影响在10%的水平上具有统计学意义的显著性，且它们的边际效应和显著性水平低于X_{1p}，因此其他资源的比较优势对于虚拟水贸易的影响较小。事实上，在考虑所有因素的模型中（第Ⅰ栏），X_{1p}增加1个标准差就会使得虚拟水净输出量减少约0.295个标准差，而X_{2p}增加1个标准差，虚拟水净输出量就会增加约0.656个标准差。因此，虚拟水净输出量与X_{2p}和X_{1p}的变化有最显著的相关关系。

5.7 虚拟水贸易的驱动机制

面板数据的回归结果表明，土地在农业用途的机会成本增加将抑制虚拟水的输出量，而土地在非农业用途的机会成本增加往往伴随着虚拟水输出的增加。换言之，如果土地资源在农业生产之外产生了更高的回报，那么虚拟水的净输出量就会降低。这一结论与Feng等（2014）、Zhao等（2015）、Ye等（2018）、Chen等（2017）的研究结果相似。在这些研究中，新疆作为最大的虚拟水输出省份，通过向其他省份（特别是山东、上海、天津和江苏等东部沿海省份）输出高耗水的粮食商品，输出了大量的虚拟水。土地比较优势的结果证实了新疆与接收其虚拟水输出量的地区（如上海）之间存在的巨大差距。在上海，服务业的土地生产力是农业的440倍左右，但是新疆的这一差异仅为230倍，是中国第二小的地区。因此虽然地区的土地资源在农业生产上具有较低的机会成本，但上海仍从这些地区购买高耗水的商品。天津是另一个虚拟水的高净输入省份，每平方公里的土地用于非农业生产将产生14.113亿元价值，是用于农业生产的610倍。第二大虚拟水输出省份河北与其虚拟水输出地区之间也有类似的结果。换句话说，虚拟水净输入省份在工业生产或服务业方面的土地回报率较高，因此输入更多的农产品。

回归分析凸显了土地在影响虚拟水输出方面所起的主导作用。土地是资本密集型的，是所有部门不可缺少的生产要素，且不能跨地区流动。相比之下，中国的劳动力（特别是熟练工）的流动性越来越大。同时，土地所有者旨在利用他们的土地资源来生产具有最高比较优势的产品，并输入不具有比较优势的商品。在欠发达地区，非农业部门和农业部门之间土地生产力的差距比发达地区更小，此外，欠发达地区在非农业行业的工作机会更加有限。这些都促使欠发达地区的土地持有者在生产和输出与粮食有关的商品方面考虑它们的比较优势。例如，华北平原和东北地区尽管水资源短缺，但已成为向工业化程度较高和水资源丰富的地区输出水密集型商品的主要输出地区，这两个水资源短缺地区农业生产的集约化和扩张化导致地下水的过度开采。华北平原的地下水位迅速下降，产生了许多环境问题，如河流和湖泊干涸、海水入侵、土地沉降和地裂等（Xu et al., 2015；Zhang et al., 2009）。被抽出的深层水中可能含有有毒卤化物和砷，这也会引发健康问题（Currell et al., 2012）。这意味着如何在不破坏区域粮食生产水平的情况下恢复当地的地下水位已成为该地区最重要的政策挑战（Zhong et al., 2017）。各地区非农业生产和农业生产之间在土地资源竞争方面存在很大的矛盾。

在中国，产业的空间分布主要由土地资源的稀缺性决定，而劳动力和水资源的影响是次要的。水资源相对丰富地区的人均耕地面积较小，非农业生产与农业生产之间的土地生产力差距比水资源短缺地区大得多。上述经济学逻辑意味着，水资源相对丰富地区将其稀缺的土地资源用于非农业生产，并从其他地区输入土地密集型产品，对于该地区是利益最大化的。例如，广东和浙江这两个水资源相对丰富但土地资源相对缺乏的省份，已经高度工业化和城镇化，越来越依赖从其他地区输入和国外进口粮食等土地和水密集型产品。

土地、劳动力和水 3 种资源的农业生产力和非农业生产力之间的差距在 1995~2015 年呈现增加的趋势，这意味着农业部门的资源生产力的增长比非农业部门要慢得多，特别是在北方地区。研究结果表明，北方省份能够向南方省份输出大量的粮食产品，是因为其可用土地更多、带来的总产量较高，而不是因为其土地生产力较南方省份更高。由于农业生产是土地和水密集型活动，提高农业部门的资源生产力对于缓解中国的耕地稀缺和减少水资源压力起着重要作用。因此，提高南方地区农业部门的土地生产力将有助于减轻华北和东北平原的水压力。

在本研究中，劳动力和水资源的比较优势对虚拟水净输出量的影响较小。原因如下：首先，劳动力是流动的，可以相对容易地从一个地方转移到另一个地方，特别是在同一个国家内流动。广东和浙江等南方省份有较多的制造业中心，它们都是由外来人口带来的廉价劳动力支撑的。因此，水资源短缺地区和水资源相对丰富地区在非农业部门劳动力生产力方面的差距，更多的是来自于生活的成本、提高收入的机会和整体经济发展的差异。这与土地生产力的差异有着本质的区别。其次，生产商品和提供服务需要消耗水资源。然而在许多情况下，水是一种开放的资源，容易产生"公地悲剧"（即公共产品因产权难以界定而被竞争性地过度使用或侵占）。因此水资源经常被自由使用、被过度开发，尤其是农业部门的耗水。研究表明，目前的虚拟水市场的驱动力更多地表现为土地资源的稀缺性，但并没有反映出水资源的稀缺性。

本研究的主要结果仍具有一些局限性。第一，由于缺乏流域尺度的贸易数据和虚拟水流量数据，空间分辨率被限制在省级行政区的尺度。第二，我们的分析集中在 3 种部门类型上（农业、工业和服务业），实际上不同作物的土地生产力仍有较大区别。尽管如此，对3种部门类型的比较可以被认为是合适的切入点。第三，由于数据量的限制，本研究的样本量较小，我们不能进行更复杂的面板回归分析。尽管我们引入了区域和时间哑变量来代表空间和时间的变化，但这两个哑变量可能不足以反映省份自己的特点，如不同省份作物组合的差异和生产专业化的差异。未来如果有更多的数据，就可以直接使用固定效应和其他回归方法来进一步挖掘本研究的结果。基于两个地区之间的虚拟水流量和比较优势进行双向评估将是未来该研究的重要方向之一。第四，本研究主要依靠中国官方的统计数据，这与其他大多数探讨国家和省级水问题的研究类似。例如，从《中国统计年鉴》和《中国农业年鉴》获得全国范围的数据，或者从各省级水资源公报获得省级范围的数据。这些统计数据或许不全面、有缺失，但对于我们的研究问题来说，它仍然是最好的综合性数据集（Zhao et al., 2015, 2016）。

参 考 文 献

Allan J A. 1996. Water use and development in arid regions: environment, economic development and water resource politics and policy. Review of European Community and International Environmental Law, 5（2）: 107-115.

Allan J A. 2002. Water Security in the Middle East: The Hydro-politics of Global Solutions. New York: Columbia University Press.

Allan J A. 2003. Virtual water the water, food and trade nexus useful concept or Misleading Metapha. IWRA, Water International, 28（1）: 106-113.

Buchanan B. 2008. Onto-Ethologies: The Animal Environments of Uexkull, Heidegger, Merleau-Ponty, and Deleuze. New York: Suny Press.

Cai Y, Cai J, Xu L, et al. 2019. Integrated risk analysis of water-energy nexus systems based on systems dynamics, orthogonal design and copula analysis. Renewable and Sustainable Energy Reviews, 99: 125-137.

Chapagain A K, Hoekstra A Y. 2008. The global component of freshwater demand and supply: an assessment of virtual water flows between nations as a result of trade in agricultural and industrial products. Water International, 33（1）: 19-32.

Chen W, Wu S, Lei Y, et al. 2017. China's water footprint by province, and inter-provincial transfer of virtual water. Ecological Indicators, 74: 321-333.

Currell M J, Han D, Chen Z, et al. 2012. Sustainability of groundwater usage in northern China: dependence on palaeowaters and effects on water quality, quantity and ecosystem health. Hydrological Processes, 26（26）: 4050-4066.

da Silva V D P R, de Oliveira S D, Hoekstra A Y, et al. 2016. Water footprint and virtual water trade of Brazil. Water, 8（11）: 517.

de Fraiture C, Cai X, Amarasinghe U, et al. 2004. Does international cereal trade save water?: the impact of virtual water trade on global water use. Colombo: IWMI.

Deardorff A V. 2014. Local comparative advantage: trade costs and the pattern of trade. International Journal of Economic Theory, 10 (1): 9-35.

Deardorff P C, Xie Y F, Cole C A. 2005. Evaluation of Disinfection Byproduct Level Trends in Small Water Distribution Systems//2005 Water Quality Technology Conference, WQTC 2005.

Dornbusch R, Fischer S, Samuelson P A. 1977. Comparative advantage, trade, and payments in a Ricardian model with a continuum of goods. The American Economic Review, 67 (5): 823-839.

Dornbusch U, Moses C A, Robinson D A, et al. 2004. Laboratory abrasion tests on beach flint shingle. Geological Society, London, Engineering Geology Special Publications, 20 (1): 131-138.

Feng K, Hubacek K. 2015. A Multi-Region Input-Output Analysis of Global Virtual Water Flows//Handbook of Research Methods and Applications in Environmental Studies. Edward Elgar Publishing: 225-246.

Feng K, Siu Y L, Guan D, et al. 2012. Assessing regional virtual water flows and water footprints in the Yellow River Basin, China: a consumption based approach. Applied Geography, 32 (2): 691-701.

Feng K, Hubacek K, Pfister S, et al. 2014. Virtual scarce water in China. Environmental Science and Technology, 48 (14): 7704-7713.

Guan D, Hubacek K. 2007. Assessment of regional trade and virtual water flows in China. Ecological Economics, 61 (1): 159-170.

Hartmann A, Ganzera M. 2015. Supercritical fluid chromatography-theoretical background and applications on natural products. Planta Medica, 81 (17): 1570-1581.

Hartmann M, Frey B, Mayer J, et al. 2015. Distinct soil microbial diversity under long-term organic and conventional farming. The ISME Journal, 9 (5): 1177-1194.

Hidalgo C A, Hausmann R. 2009. The building blocks of economic complexity. Proceedings of the National Academy of Sciences, 106 (26): 10570-10575.

Hoekstra A Y, Hung P Q. 2005. Globalization of water resources: international virtual water flows in relation to crop trade. Global Environmental Change, 15 (1): 45-56.

Hoekstra A Y, Mekonnen M M. 2012. The water footprint of humanity. Proceedings of the National Academy of Sciences, 109 (9): 3232-3237.

Hubacek K, Feng K. 2016. Comparing apples and oranges: some confusion about using and interpreting physical trade matrices versus multi-regional input-output analysis. Land Use Policy, 50: 194-201.

Kumar M D, Singh O P. 2005. Virtual water in global food and water policy making: is there a need for rethinking? Water Resources Management, 19 (6): 759-789.

Liu J, Hertel T W, Taheripour F, et al. 2014. International trade buffers the impact of future irrigation shortfalls. Global Environmental Change, 29: 22-31.

López-Morales C A, Duchin F. 2015. Economic implications of policy restrictions on water withdrawals from surface and underground sources. Economic Systems Research, 27 (2): 154-171.

Mekonnen M M, Hoekstra A Y. 2010. The green, blue and grey water footprint of crops and derived crop products. Hydrology and Earth System Sciences, 15 (5): 1577-1600.

Mekonnen M M, Hoekstra A Y. 2011. National water footprint accounts: the green, blue and grey water footprint of production and consumption. Volume 1: Main Report.

Mi Z, Meng J, Guan D, et al. 2017. Pattern changes in determinants of Chinese emissions. Environmental Research Letters, 12 (7): 074003.

Orlowsky B, Hoekstra A Y, Gudmundsson L, et al. 2014. Today's virtual water consumption and trade under future water scarcity. Environmental Research Letters, 9 (7): 074007.

Ramirez-Vallejo J, Rogers P. 2004. Virtual water flows and trade liberalization. Water Science and Technology, 49 (7): 25-32.

Raul S K, Gaur M L. 2017. Evaluation of Performance Indices for Water Delivery Systems: Canal Irrigation//Soil and Water Engineering. New York: Apple Academic Press: 363-388.

Serrano A, Guan D, Duarte R, et al. 2016. Virtual water flows in the EU27: a consumption-based approach. Journal of Industrial Ecology, 20 (3): 547-558.

Sheng D, Owen S, Lambert D M, et al. 2019. A multiregional input-output analysis of water withdrawals in the Southeastern United States. Review of Regional Studies, 49 (2): 323-350.

Upadhyaya A, Alok K S. 2016. Concept of water, land and energy productivity in agriculture and pathways for improvement. Irrigation and Drainage Systems Engineering, 5 (1): 154.

Wang T, Mao D, Jiang Z. 2022. Quantitative assessment of agricultural horizontal ecological compensation in China, from the perspective of virtual land and virtual water. Environmental Science and Pollution Research: 1-15.

White D J, Hubacek K, Feng K, et al. 2018. The water-energy-food nexus in East Asia: a tele-connected value chain analysis using inter-regional input-output analysis. Applied Energy, 210: 550-567.

Wichelns D. 2010. Virtual water: a helpful perspective, but not a sufficient policy criterion. Water Resources Management, 24 (10): 2203-2219.

Xu K, Yang D, Yang H, et al. 2015. Spatio-temporal variation of drought in China during 1961—2012: a climatic perspective. Journal of Hydrology, 526: 253-264.

Ye Q, Li Y, Zhuo L, et al. 2018. Optimal allocation of physical water resources integrated with virtual water trade in water scarce regions: a case study for Beijing, China. Water Research, 129: 264-276.

Zhang L, Wang J, Huang J, et al. 2009. Groundwater Markets in The North China Plain: Impact on Irrigation Water Use, Crop Yields and Farmer Income//Groundwater Governance in the Indo-Gangetic and Yellow River Basins. Florida: CRC Press: 313-328.

Zhao D, Tang Y, Liu J, et al. 2017. Water footprint of Jing-Jin-Ji urban agglomeration in China. Journal of Cleaner Production, 167: 919-928.

Zhao X, Liu J, Liu Q, et al. 2015. Physical and virtual water transfers for regional water stress alleviation in China. Proceedings of the National Academy of Sciences, 112 (4): 1031-1035.

Zhao X, Liu J, Yang H, et al. 2016. Burden shifting of water quantity and quality stress from megacity S hanghai. Water Resources Research, 52 (9): 6916-6927.

Zhong H, Sun L, Fischer G, et al. 2017. Mission Impossible? Maintaining regional grain production level and recovering local groundwater table by cropping system adaptation across the North China Plain. Agricultural Water Management, 193: 1-12.

Zhuo L, Mekonnen M M, Hoekstra A Y. 2016a. The effect of inter-annual variability of consumption, production, trade and climate on crop-related green and blue water footprints and inter-regional virtual water trade: a study for China (1978-2008). Water Research, 94: 73-85.

Zhuo L, Mekonnen M M, Hoekstra A Y, et al. 2016b. Inter-and intra-annual variation of water footprint of crops and blue water scarcity in the Yellow River basin (1961–2009). Advances in Water Resources, 87: 29-41.

第6章 中国水资源短缺评价

6.1 水资源短缺研究进展

随着社会经济快速发展，水资源供需矛盾日益突出，再加上不合理、不科学的水资源利用，致使淡水资源短缺成为制约越来越多国家与地区可持续发展的"瓶颈"（Vörösmarty et al.，2000；Oki and Kanae，2006；Qin et al.，2014）。受区域水资源禀赋和人类对水资源开发利用的影响，水资源数量在不充分的情况下会形成水量型缺水。同时，污染水体提供给人类惠益与洁净水不等同，水资源短缺也受到污染物排放的影响，在污染物超出环境承载力情况下会形成水质型缺水。近年来，自然-社会系统下的水资源短缺评价逐渐成为国际科学领域研究的前沿。2013年，联合国教育、科学及文化组织（United Nations Educational Scientific and Cultural Organization，UNESCO）发布了国际水文计划第八阶段战略计划——"水安全：应对地方、区域和全球挑战"（IHP-Ⅷ：Water Security：Responses to Local，Regional and Global Challenges 2014-2022），将"解决水资源短缺和水质问题"明确列为该战略计划六大主题之一（Donoso et al.，2014）。联合国2030年可持续发展目标也明确将"解决水资源短缺问题，并大幅减少缺水人口"作为其一项具体目标（具体目标6.4）。

自20世纪80年代后期起，全世界制定了许多指标来评估水资源短缺状况（表6-1）。在过去40年中，随着全球越来越多的地区水资源短缺问题加剧，有关水资源短缺评估的发文量急剧增加（图6-1）。从20世纪80年代后期到21世纪初期，提出的缺水指标都相对简单直接，这些指标因仅关注地表水和地下水（蓝水），忽视了绿水（由降水提供的土壤水分）及其时空变化的重要性（Savenije，2000；Rijsberman，2006）。

2000年以来，学术界提出了更多复杂的方法，综合数量、质量和环境流来评价水资源短缺（Zeng et al.，2013；Liu et al.，2016）。尽管这一发展加强了对水资源短缺的多方面理解，但大部分研究仍只关注水资源短缺方面。与早期开发的经典缺水指标相比，更综合的指标却很少被应用到研究中。值得一提的是，大多数水资源短缺评估方法都使用单一指标来量化水资源短缺，只有少部分研究结合了两个指标。例如，Falkenmark（1997）使用"Falkenmark矩阵"的方法，用水短缺和水压力两个指标评估了蓝水资源短缺（表6-1），

Kummu 等（2016）使用类似的方法对整个 20 世纪全球尺度水资源短缺进行了评估，根据评估结果得出，与仅处于水压力或水短缺的地区相比，同时处于水短缺和水压力的地区在缓解水资源短缺方面的选择非常有限。

表 6-1 水资源短缺指标特征汇总

指标名称	测量方法	蓝水	绿水	水质	环境流量需求（EFR）	参考文献
Falkenmark 指标	人均可用水量	Y	N	N	N	Falkenmark 等（1989，2009）、Ohlsson 和 Appelgren（1998）
紧迫系数	实际水量与可用水量之比率	Y	N	N	Y[a]	Falkenmark（1997）、Raskin 等（1997）、Alcamo 等（2000）、Vörösmarty 等（2000）、Oki 和 Kanae（2006）
IWMI 指标（物理型和经济型缺水）	可利用水资源量（含水利设施提供的水量，如大坝、海水淡化厂提供的水量）	Y	N	N	N	Seckler 等（1998）
水贫困指数（WPI）	五部分的加权平均值（水的可用性、获取、容量、使用和环境）	Y	N	N	Y	Sullivan（2002）、Sullivan 等（2003）
绿/蓝水短缺指标	绿/蓝水资源的需求与可用性	Y	Y	N	Y[a]	Rockström 等（2009）、Gerten 等（2011）
基于水足迹的指标	水足迹与可用水量之比	Y	Y	N	Y	Hoekstra 等（2011）
累计取水需求比值	累计取水量和耗水量的比值	Y	N	N	N	Hanasaki 等（2008）
基于生命周期评价（LCA）的水压力指标	实际水足迹与可用水足迹之比	Y	Y	Y	N	Frischknecht 等（2009）、Pfister 等（2009）
"量-质-生"（QQE）指标	结合水量、水质和 EFR	Y	N	Y	Y	Zeng 等（2013）、Liu 等（2016）

a EFR 指假定包括恒定的 30% 环境流量。

本章全面回顾现有的水资源短缺指标，并阐述它们在快速变化的世界中的适用性。在此基础上，重点阐释未来研究中面临的主要挑战，并对水资源短缺研究进行展望。

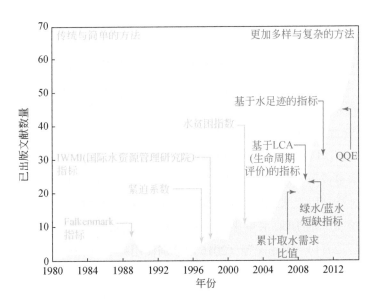

图 6-1 截至 2016 年 1 月 17 日，利用主题词 water scarcity 在 Scopus 检索的发文量
图中标注了具体水资源短缺指标的出版年份

6.1.1 经典水资源短缺指标概述

6.1.1.1 Falkenmark 指标

Falkenmark 指标（Falkenmark，1989）是一种简单且被广泛使用的衡量水资源短缺的方法，其根据区域水资源量（Falkenmark 称为蓝水）和区域人口数核算地区人均水资源占有量。以 $m^3/(人·a)$ 作为单位来计算人均年可用水量。该指标与人口的相关性可采用水拥挤指数（water crowding index，WCI）来表示，该指数衡量单位人口可用水量。学界常采用 $1700m^3/(人·a)$ 作为衡量水资源充足与短缺的阈值（Falkenmark，1989），低于该阈值会出现社会压力和对水的高度竞争（Falkenmark et al.，2004）。如果可用水量低于 $1000m^3/(人·a)$，则该地区将面临高度水短缺，低于 $500m^3/(人·a)$ 时，面临绝对水短缺。

然而，使用该指标需要注意的是，该指标仅表明全球水资源在供给方面的影响，忽略了时间变化下经济增长、生活方式和技术发展等重要的驱动因素（Savenije，2000），缺乏考虑水资源管理和基础设施的影响，并且简单的阈值不能反映水资源短缺的空间分布。

6.1.1.2 紧迫系数

用水与可利用水资源量比值，或紧迫系数，是另一个被广泛使用的评估水资源短缺的指标。该指标的优点是它可以衡量用水量，并将其与可用的可再生水资源联系起来（Alcamo and Henrichs，2002）。在过去的几十年里，用水模型发展非常迅速，现在可以在全球范围内对水资源可利用量和用水量进行高空间分辨率建模（Alcamo et al.，2003；Hanasaki et al.，2008；Flörke et al.，2013；Wada et al.，2014）。

用水量指耗水量或取水量。耗水量是指从河流、湖泊或地下水中去除并蒸发到大气中的水量。取水量是指从以上来源抽取的水量，其中一部分通过排放或回流返回水源。现有的水资源短缺研究大多使用取水量来表示用水量（Alcamo et al.，2003；Oki and Kanae，2006；Wada et al.，2011）。Munia 等（2016）分别使用耗水量和取水量作为缺水的最低和最高水平。然而，耗水量通常远小于取水量，因此耗水量与平均可用可再生水资源的比率通常表征缺水程度。

根据水资源紧迫系数，如果取水量超过可用水资源的 40%，就会出现高度水压力（Alcamo and Henrichs，2002）。但由于取水量中部分回流至水体，并且实际回流比例因区域自然、社会、经济、技术条件不同而有所差异，以 40% 作为缺水阈值无法反映各地区差异性。

6.1.1.3 物理型和经济型缺水——IWMI 指标

IWMI 提出了一个更复杂的指标来评估水资源短缺（Seckler，1998），包括物理型缺水（physical water scarcity）和经济型缺水（economic water scarcity）两种指标。该指标不仅考虑可供人类需求的可再生淡水资源的供水比例，同时也考虑现有的水利基础设施，如海水淡化厂、水库的存储量。该指标的一个创新点是可以评估国家发展水利基础设施和提高灌溉用水的效率潜力。

Rijsberman（2006）把所有国家分为 5 组，定义每组国家是处于"物理型缺水"还是"经济型缺水"。前者是即使考虑到国家的发展能力，也无法满足其 2025 年的用水需求；后者是国家拥有充足的可再生水资源但必须对水利基础设施进行大量投资才能在 2025 年提供足够的用水。

除 Cosgrove 和 Rijsberman（2000）进行的评估外，该指标还没有像其他指标一样被广泛用于评估全球水资源短缺。原因之一是它比许多其他指标复杂得多，因此计算起来更耗时；另一个原因可能是它的解释不如其他指标直观，因此对公众和政策制定者的吸引力较小（Rijsberman，2006）。

6.1.1.4 水贫困指数

WPI综合了物理上的可用水量、取水的难易程度和社会福利水平之间的关系（Sullivan，2001），它考虑了5个分量：资源或水的可用性、人类用水的可获得性、人类对水管理的有效性、用水途径的差异性以及该地区水生栖息地和生态系统产品与服务相关的环境完整性。WPI主要用于水资源禀赋较差且适应能力较差时的评估。

WPI是用5个分量的加权平均值计算的，首先将每个分量标准化，使其处于0～100的范围内，由此最终的WPI值也在0～100，代表水贫困的最低和最高水平（Sullivan et al.，2003）。该指标具有综合性优势，然而，因其复杂性和缺乏大规模构建指标所需的一些因素的信息，其应用受到阻碍（Rijsberman，2006）。迄今为止，它仅在少数国家的社区层面试点应用。

6.1.2 水资源短缺评估的进展

自2000年以来，水资源短缺评估进入了一个基于空间分析工具的模型更为复杂的时代。用水量与可用量比值已成为这一时期提出的许多水资源短缺评估方法的基础。

6.1.2.1 绿水/蓝水短缺指标

绿水是指由降水补给的非饱和带中的土壤水分。它是农业生产的重要水资源，约占农业总用水量的90%，并支撑了占全球农业总面积60%的雨养农业（Rockström et al.，2009）。

绿水/蓝水短缺指标试图将绿水纳入评估体系。Rockström等（2009）提出了首个包括蓝水和绿水的缺水评价指标。在健康饮食条件下［3000kcal/（人·d），其中20%来源于动物］，通过比较全球平均人均蓝绿水资源消耗量［1300m^3/（人·a）］与当地人均可利用蓝绿水资源量的数量关系来确定水资源短缺等级。如果区域人均可利用蓝绿水量少于1300m^3，则认为该区域具有水短缺问题。Gerten等（2011）将区域差异化饮食导致的用水需求差异引入该指标，对该指标进一步完善，建立了可以考虑区域差异化的绿水/蓝水短缺指标。指标的大小从欧洲和北美的小于650m^3/（人·a）到在非洲大部分地区超过2000m^3/（人·a）（Gerten et al.，2011；Kummu et al.，2014）。

尽管将绿水纳入水资源短缺评估有其优点，但仍避免不了其局限性。蓝水资源通常被量化为地球表面或给定地理位置/流域的可再生淡水的总量，忽略了其可利用性。另外，绿色水资源经常被量化为农田（和牧场）上植物的蒸散量，这大大低估了绿色水资源量，因为大量蒸发发生在非农田上。

6.1.2.2 基于水足迹的指标

水足迹是指生产人类消费的产品与服务而消耗掉的水资源量（Hoekstra et al., 2011）。Hoekstra 等（2012）注意到在缺水评价时将取水量当作用水量时忽略了排水量的问题，提出了基于水足迹的全球蓝水短缺的评估。第一，用水量是指地下水和地表水的消耗量，即蓝水足迹。第二，从可用水量中减去维持关键生态功能所需的流量。以 20%的消耗率作为推定标准，超过该阈值，生态健康和生态系统服务功能的风险就会增加。第三，将用水量和可利用水量按年衡量改进为按月衡量，以解决季节性缺水问题。这种缺水评价方法评价了当前用水水平在何时何地导致世界各地流域内水资源短缺和生态破坏的可能性（Hoekstra et al., 2012），然而，Richter 等（2011）建议在评估中假设所有流域环境流是水资源总量的 80%，这样的假设过于简单，没有考虑环境流在每个河流状况中的复杂性。这也可能高估了环境流的大小和水资源短缺的程度，因为 80%的环境流对于世界大部分地区来说设置得太高，并不切合实际（Liu et al., 2016）。许多研究发现，环境流的大小在不同的河流状况下差异很大（Pastor et al., 2014）。

6.1.2.3 累计取水需求比值

在世界上的许多地区，水资源短缺是季节性的，即只发生在一年中的某些月份，而以年为单位时可能有足够的水。鉴于这种情况，一些水资源短缺评估试图将季节性缺水考虑在内。例如，Alcamo 和 Henrichs（2002）在计算紧迫系数时考虑了河流的低流量。又如，Hanasaki 等（2008）提出的累计取水需求（cumulative abstraction to demand, CAD）比值。该指标旨在应用全球水文模型的结果，这些模型能够模拟每日时间步长的河流流量和取水情况。该指标表示为特定年份河流累计每日取水量与累计每日潜在需水量（即农业、工业和生活耗水量）的比值。许多研究也按月进行了衡量（Abu-Nada and Oztop, 2011; Hoekstra et al., 2012; Brauman et al., 2016）。当该比值低于 1 时，则可能会出现水资源短缺。Hanasaki 等（2008）表明 CAD 比值在东南亚和萨赫勒地区较低，这是由旱季周期性的、严重的缺水导致的，这在采用经典缺水指标的评估中常常被忽视。CAD 为评估气候变化对水资源的影响提供了有用的见解。在某些地区，由于全球变暖，年总径流预计会增加，当使用用水量与可用水量比值时，比值可能会出现下降，这将产生水资源短缺好转的误导。在这种情况下，CAD 提供了更切合实际的缺水评价，因为它考虑了干旱月份缺水程度的上升（Haddeland et al., 2014），然而，对数据的高需求和复杂的计算任务限制了这种水资源短缺评估方法的使用。

6.1.2.4 基于 LCA 的水压力指标

自 2008 年以来，紧迫系数被引入生命周期研究领域，提出了基于 LCA 的水压力指标，以强调耗水及其环境影响（Frischknecht，2009；Pfister et al.，2009；Berger et al.，2014）。生命周期评价方法中使用的主要方法可分为中点端和终点端两种，用以衡量流域尺度的缺水问题（Kounina et al.，2013）。中点端指标从水资源量消耗角度看水短缺问题，终点端指标则强调水短缺对环境质量、人类健康等方面的潜在影响，涵盖水资源的用途差异性和生态特征等属性。当前 LCA 通常用中点端方法评估水短缺。

在生命周期评价方法中，水消耗量通过根据各种函数（如逻辑函数或指数函数）推导出的可用率来反映（Kounina et al.，2013）。最广泛使用的指标是 WSI（Pfister et al.，2009）。每月和每年降水量的变化都可能导致特定时期内的水资源压力增加，因此引入了一个变化因子来计算比率，从而区分流量受到严格约束的流域。考虑到水资源压力与耗水量和可用水量比值两者之间不是线性的，在使用逻辑函数计算调整后，WSI 为 0～1 的连续值，0.1、0.5 和 0.9 被指定为中度、重度以及极度缺水的阈值。由于基于 LCA 的水压力指标侧重于用水影响评估，该指标尚未单独用于缺水评估。

6.1.2.5 "量–质–生"指标

目前的缺水指标主要考虑水量因素。Zeng 等（2013）提出了一个综合指标，表示为水量型缺水指标和水质型缺水指标的总和。水量型缺水指标采用紧迫系数，定义为一定时期内特定区域取水量与淡水资源量的比值。水质型缺水指标被定义为灰水足迹与淡水资源量的比值。灰水足迹定义为根据自然背景浓度和现有环境水质标准稀释污染物负荷所需的淡水量（Hoekstra et al.，2011）。Zeng 等（2013）使用了这一结合水量和水质的水资源短缺指标对中国水资源短缺进行了分析。结果表明，中国北部地区同时处于水量型缺水和水质型缺水（图6-2）。在东南地区由于水污染严重，主要是水质型缺水。这意味着中国北方面临缺水问题的压力更大，而对于其他省份来说，水质型缺水问题是一个巨大的挑战。

在 Zeng 等（2013）指标的基础上，在水资源短缺评估中进一步加入了环境流需求量（environmental flow requirements，EFR），形成了 QQE 三维水资源短缺评价方法（Liu et al.，2016）。QQE 指标由多组分构成：$S_{水量}$（EFR）| $S_{水质}$。QQE 方法首先用于中国内蒙古的黄旗海流域，该流域的 QQE 缺水指标为 1.3（26%）| 14.2，表明该流域在其给定的 EFR 占比为 26% 的情况下存在水量型缺水（1.3 大于阈值 1.0）和水质型缺水（14.2 远大于阈值 1.0 的值，表明流域严重的水污染状况）。

QQE 指标提供了一种易于应用和理解的衡量方法，考虑了水量和水质以及环境流。这种方法可用于对世界其他地区水资源短缺的综合评估。根据条件，还可以使用 EFR 的占比来表示任何其他级别的生态栖息地状态。但是，QQE 指标有一些限制，该指标不像现有的使用单一值来表示缺水状况指标那样直截了当，需要一些专业知识来理解指标和解释所包含的信息。

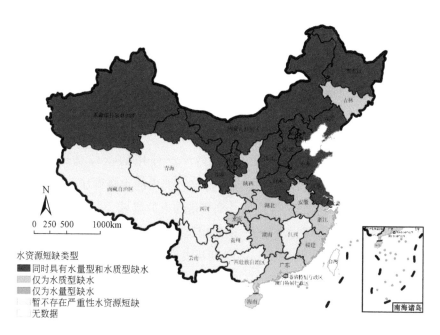

图 6-2　Liu 等（2016）对各省份水资源短缺的评估结果

6.1.3　水资源短缺评价

迄今为止，学界已经对全球水资源短缺进行了许多评估（图 6-3）。空间分辨率尺度也从国家、区域到栅格尺度。总体来看，各项指标均表明北半球中低纬度地区缺水程度较高。值得注意的是，物理型和经济型缺水指标［图 6-3（c）］和水贫困指数［图 6-3（d）］也确定了几乎所有非洲国家都有严重缺水问题。这归因于贫困，缺乏建设水利基础设施的经济能力，阻碍了这些国家获取丰富的水资源。虽然经济因素与水资源短缺具有相关性，但这给评估工作带来较大困难。目前，学界对于水资源短缺评估应该包括哪些社会

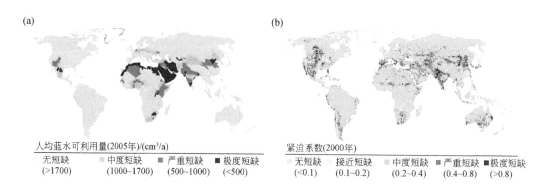

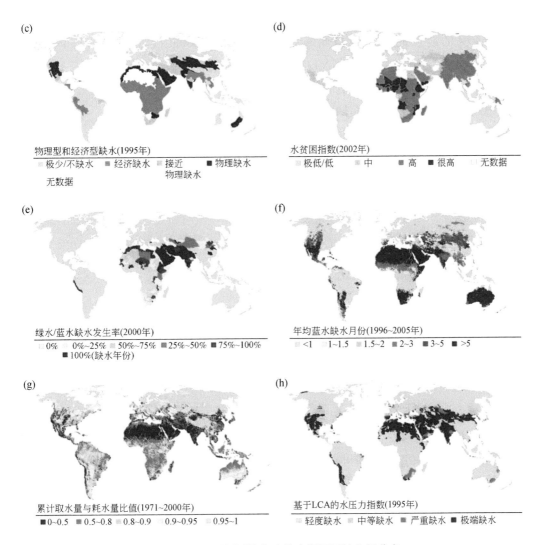

图 6-3 基于不同评估方法的水资源短缺空间分布

图 (a)~(h) 的结果主要参考了表 6-1 中提到的相关指标。(a) Falkenmark 指标(Kummu et al., 2010);(b) 紧迫系数(Wada et al., 2011);(c) 物理型和经济型缺水——IWMI 指标(Seckler et al., 1998);(d) 水贫困指数(Sullivan, 2002);(e) 绿水/蓝水短缺指标(Kummu et al., 2014);(f) 基于水足迹的指标(Mekonnen and Hoekstra, 2016);(g) 累计取水需求比值(Hanasaki et al., 2013);(h) 基于 LCA 的水压力指标(Pfister et al., 2009)。所有地图均由作者根据上述来源的原始数据重新绘制,但水贫困指数除外,该指数是从 softcopy map 修改而来的。同时,调整了部分地图中的图例颜色以保持各评价结果大体一致

和经济因素并没有达成共识,为了保持客观性和简单性,迄今为止,大多数水资源短缺指标均仅基于可用水量和用水量。

水资源短缺评估的主要结果之一是估计受缺水影响的人数。使用不同的指标时,结果

会有所不同，即使是采用相同的指标，不同文献的结果也不尽相同（图6-4）。例如，使用阈值为40%的紧迫系数的估计值往往高于使用阈值为1000m³/（人·a）的Falkenmark指标的估计值。具有相同指标的缺水人口数量与评估中的不同空间分辨率有关。一般来说，空间分辨率越高，缺水人数越多（图6-4）。这是因为高空间分辨率可以更好地反映人口高度集中的城市地区的水资源短缺状况（Vörösmarty et al., 2010）。

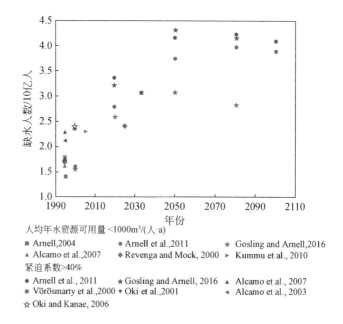

图6-4 根据人均年水资源可用量［1000m³/（人·a）］和紧迫系数（40%）评估缺水人数

标记图案代表了不同的研究。具体估算值包括12亿人（Hayashi et al., 2010）、14亿人（Arnell, 2004）、16亿人（Alcamo et al., 2007；Arnell et al., 2011；Gosling and Arnell, 2016）、17亿人（Revenga and Mock, 2000）和23亿人（Kummu et al., 2010）。但如果使用其他指标，数字可能会大不相同，如Mekonnen和Hoekstra（2016）估算1996～2005年，40亿人每年至少有1个月生活在严重缺水的条件下

然而，高空间分辨率往往会低估人类将水从外部输入城市的水量。此外，若考虑绿水则会增大地理单位（如国家、地区）的可用水量，从而使得对生活在缺水地区的人口的估计值变小。另外，在河流中留下足够的环境流，会致使估计偏大，因为这减少了人类可用的水资源。此外，将水质考虑在内会导致水短缺程度的大幅增加，因为较差的水质会导致水无法安全使用。总的来说，基于不同指标的估计表明，2000年有15亿～25亿人生活在面临水资源短缺的地区（图6-4），但基于水足迹的水资源短缺评估将这一数字增加到40亿人（Mekonnen and Hoekstra, 2016）。如果综合评估水资源压力和水资源短缺，2005年共有38亿人生活在一定程度的水资源短缺中（Kummu et al., 2016）。预计至少到2050年，随着世界人口峰值的到来，这些数字将大幅增加。同时目前的分析表明，2050

年后缺水人口可能会下降。

6.1.4　水资源短缺研究未来的挑战和方向

（1）验证缺水指标

迄今为止，很少有研究去论证水资源短缺指标是否真实反映了水资源短缺情况，采用不同阈值对水资源短缺进行分类是否合理。所有指标及其阈值都是根据专家判断确定的。"验证指标"这一表述是指在合理或权威的基础上支持或证实指标（Bockstaller and Girardin, 2003；Dauvin et al., 2016）。验证这些指标的一个基本问题是难以确定缺水这一自变量。Alcamo 等（2008）使用"三大流域干旱危机发生频率"作为自变量，该指标的值由媒介内容分析确定（Taenzler et al., 2008）。通过对这个变量的估计，可以检验各种缺水指标的有效性。使用 15 年间的模型数据，发现 14 个不同的测试缺水指标中有 6 个与干旱危机的发生在统计上有相关性（Alcamo et al., 2008）。这项初步工作表明，指标是可以验证的，确定其适当的应用范围并验证指标阈值。这方面的研究将加强评价水资源短缺的科学基础，并可能加速制定更有用的指标。

（2）将水质纳入缺水评估

由于水质问题加剧了水资源的压力（Bayart et al., 2010），将水质等级纳入缺水评价中是很必要的。水质通常表示为某些污染物的浓度。被考虑最多的污染物是营养物质排放，通常是氮和磷及 COD（Björklund et al., 2009；Liu et al., 2012）。水质型缺水的评估对所选的污染物很敏感。为了将水质数据纳入缺水评估中，需要收集涵盖一系列水质参数的合适数据。通常考虑的参数是以研究目标作为指导，即饮用水的具体要求与灌溉水的要求不同。对于综合水资源短缺评估，最好使用能够反映整体水质状况的综合水质指标。建立具有广泛适用性的指标是未来水资源短缺评估面临的挑战。

将水质纳入评估的另一个挑战是，水质数据的可用性在世界范围内分布非常不均匀，并且在发展中国家，地区之间数据量存在巨大的差异。联合国环境规划署全球环境监测系统（global environment monitoring system, GEMS）水项目是一个水科学中心，旨在建立全球内陆水质问题的知识库（http://www.unep.org/gemswater/），然而对于全球范围来说，数据仍然非常有限。GEMS 水项目成立于 1978 年，是全球水质数据的主要来源。相关水质数据库 GEMStat 旨在共享从 GEMS/Water Global Network 收集的地表水和地下水水质数据集，迄今为止包括 3000 多个站点（http://gemstat.org），对于非洲，在科学文献中搜集数据实属不易，大多数已发布的数据也是在很长一段时间内和/或在多个采样站汇总的。此外，采样站的具体位置通常不可获得且参数的选择受到限制。在这种情况下，全球尺度的水质模型可以作为一种补充方法来填补时间序列和不存在可靠数据的地区相关参数的数据空白。模型是现实世界系统的简化，因此针对测量数据进行验证和测试确保了模型的可信度。值得一提的是，Water GAP 3 模型框架已通过大规模水质模型 World Qual 得到增强，以便估计各种参数的污染负荷和河内浓度（Voß et al., 2012；Reder et al., 2013，2015）。许多作物模型，如 GEPIC，组成部分中同时具有水文和污染负荷（Liu and Yang, 2010；Liu et al., 2013a）。凭借其计算可用水量、用水量和水质参数的能力，该模型有望在缺水评估中同时考虑水量和水质。

（3）在缺水评估中纳入环境流量要求

学术界往往通过假定环境流在河流流量的固定百分比将其纳入水资源短缺评估，并假定环境流占年流量的 80%（Hoekstra et al., 2012）或特定比例（Smakhtin et al., 2004；Rockström et al., 2009；Gerten et al., 2011；Liu et al., 2016），然而，在自然系统中，环境流因流态和季节而异。例如，Pastor 等（2014）发现环境流介于平均年流量的 25%~46%，这表明将考虑当地相关因素的环境流纳入缺水评估的重要性。

未来研究在估算环境流时应考虑采用一系列方法来呈现全球不同地区的季节性变化和流量状况（Gerten et al., 2013）。目前，已经开发了不同的方法来评估不同河流状况的环境流量，如 Schneider 等（2013）提出了通过自然流量条件的偏差而导致的流量变化的一种综合方法来量化生态风险。他们通过使用从水文变化指标列表（Richter et al., 1996，1997）中选择的 12 个不同参数的子集，评估由人为用水和大坝引起的自然水流动力学的水文变化。这种方法考虑了不同的流动特性，并描述了与自然流动状态的非冗余偏离。此外，还考虑了每个参数的平均大小和变化幅度，因此，总共考虑了 24 个子指标。该指标系统可用于在缺水评估中计算跨地区的环境流量。

（4）考虑绿水和虚拟水的水资源短缺时空演变

在缺水评估中，空间尺度（或分析单位）的选择很重要，也很困难。正如前文和其他研究所示（Perveen and James, 2011），这对结果有重大的影响。大多数缺水评估是在栅格尺度（30′，即赤道附近 50km 分辨率）上进行的，而为了更详细地了解缺水问题，在国家、流域或子流域（如粮食生产单位）尺度进行缺水评估对政策实施有更显著的意义。研究不同空间尺度对缺水评估的影响是必要的。

大多数水资源短缺指标是按年尺度衡量的。由于用水量和水的可用性在年内有显著变化，了解一年内水何时可用以及何时用水非常重要。因此，引入月尺度的评估可以说明每个月是否有足够的水来满足要求。

与时间尺度相关的还有可用水量和需水量的年际变化对缺水评价的影响。Veldkamp 等（2015）发现，在较短的时间尺度上（最多 6~10 年），气候变异是影响水资源短缺的主要因素，而在较长的时间尺度上，社会经济发展是更重要的因素。Brauman 等（2016）发现在年时间尺度上中度枯竭的流域在季节尺度或干旱年份几乎一致的严重枯竭。因此，年际变化的评估对水资源短缺理解有着重要作用。需要指出的是，生活在一个地区（如国家、流域）的全体人口受水资源短缺影响的程度通常是不同的。例如，与收入较低的人相比，收入较高的人受水资源短缺的影响可能较小。此外，农村和城市人口可能会受到不同的影响。出于这个原因，考虑社会经济条件对缺水地区的人们可能产生的不同影响将更具指示性。因此，采用概率方法可以了解具体区域的缺水情况，然而，这需要该地区社会经济状况的更详细信息。

绿水是水资源的重要组成部分。然而，在缺水评估中，绿水和蓝水的衡量方法不同，前者指储存在非饱和土壤中的水量，而后者指每年测量的流量。一些研究虽然考虑了绿水，但也仅考虑了农作物实际使用的部分（Rockström et al., 2009；Gerten et al., 2011），这大大低估了绿水资源量。解决该问题的一种可行方法是计算每年累积的土壤水分，无论它是否被作物或其他植物使用。需要指出的是，在水资源管理中有时会质疑纳入绿水的有效性（Bogardi et al., 2013）。一个主要原因是绿水不是可以轻松重新分配给其他用途的水资源。我们认为土壤水（绿水）是一种重要的资源，应适当纳入可用水量核算。

此前制定的大部分水资源短缺指标仅考虑当地水资源和当地用水需求。但最近的研究进展表明，以前未被认识到的全球变化可能会导致局部的水问题（Vörösmarty et al., 2015）。全球大部分用水和污染来自贸易商品的生产，这带来了大量虚拟水流并影响当地水资源短缺（Vörösmarty et al., 2015；Hoekstra and Meckonnen, 2016；Zhao et al., 2015, 2016）。长距离输水系统也会影响来源地和目的地当地的水资源短缺状况（Liu et al., 2013b），需要在缺水分析中整合虚拟水流和输水。

（5）缺水评估中水文、水质以及水生态系统科学和社会科学之间合作的必要性

水的可用性和水质之间存在重要联系（Jury and Vaux, 2005），两者都与人类健康（Myers and Patz, 2009）、粮食安全（Rockström et al., 2009；Simelton et al., 2012）以及维持本地生物多样性和水生生态系统的完整性（Poff et al., 1997；Simelton et al., 2009）有关。这意味着应该对水的可用性和水质使用一致的方法进行评估，以便考虑可用性和水质之间的相关关系。这需要将水质和生态参数以及过程（以及它们之间的反馈）整合到可用水评估模型中，同时只能通过水资源可用性模型与水质和生态模型的整合来实现。

整合水文和水质是全面了解全球水资源可用性与水质变化敏感性的第一步，也是重要的一步。除此之外，需要在全球范围内开发改进同时考虑水量和水资源水文模型，还需要在全球范围内以足够的空间分辨率对水质进行可靠的观测，以验证模型的准确性。

如上所述，缺水指标阈值是主观的，而不是基于证据的。鉴于这些指标计算过程的复杂性，指标的效用存在局限性（Fekete and Stakhiv, 2014）。这些指标通常无法纳入推动用水需求的复杂社会经济背景，而且它们没有解决替代途径。一个可能的、清晰的框架是促进水资源短缺跨学科甚至多学科研究，同时，要结合利益相关者，以此提高对整个系统的理解。例如，影响用水需求的因素很多，包括生活方式的改变、对水资源短缺的看法以及对用水的态度，社会科学对这些因素如何受到政府政策和社会规范的影响进行了阐释（Wolters，2014）。此外，这也是使社会科学更有效地提高水资源管理水平和了解水资源短缺驱动因素的新机会（Lund，2015）。

6.2 三维水资源短缺评价

自 Falkenmark 在 20 世纪 80 年代提出水资源短缺概念至今，水量型缺水一直是水资源短缺评价的重点，在综合考虑水量、水质和生态评价水资源短缺方面始终没有形成完善的研究体系。"量–质–生"三维水资源短缺评价（3-D Water Scarcity，或 QQE 指标法）是我国学者在研究中国水资源水环境实践中首次提出的，并快速被国际学者接受的研究体系。该评价体系在 Q-Q 水短缺评价方法基础上，将 Q-Q 指标中利用取水量与水资源量比值的方法改进成以耗水量与可利用水资源为基础的水量型缺水评估方法；同时，将原始方法中假设的 80% 的生态环境需水量改进成可代表区域生态差异性的实际生态需水量，从而形成了可全面考虑水量、水质和生态需水的"量–质–生"三维水短缺评价方法（图 6-5）。如何合理地确定区域实际生态需水量是本方法体系的重点之一，从水循环角度看，生态需水是维持生态系统自身生存和生态功能，并保证一定的生态质量下的最低水资源需求量。国内外核算生态需水的方法多达 200 多种，主要分为水文学方法、生境模拟法、水力学等级评定和整体分析法，每种方法都有各自的优缺点及其使用条件。随着水文与生态系统过程模型的大力发展，以地区土地利用、气候、水文等特征为基础，利用诸如 APEX、EPIC、SWAT 等模型来模拟地区的实际生态需水量成为目前核算生态需水量的重要手段之一。这种改进后的评价方法能表征不同水禀赋、不同下垫面条件、不同生态特征背景下的区域水资源短缺现状，相较于传统的水资源短缺评价模式，新模式的信息与内涵更为丰富，对空间异质性的表达更为完善。QQE 指标法的核心方程如下：

$$S_{\text{quantity}} = \frac{f}{C_{\text{quantity}}} = \frac{W-D}{Q-e} \tag{6-1}$$

$$S_{\text{quality}} = \frac{L}{C_{\text{quality}}} = \frac{D \times c_{\text{effi}} - W \times c_{\text{act}}}{(c_{\text{max}} - c_{\text{nat}}) \times Q} \tag{6-2}$$

式中，S_{quantity} 为区域内水量型缺水指标；f 为区域特定时间段内的实际消耗蓝水量，即蓝水足迹（m³）；W 为取水量（m³）；D 为排水量或退水量（m³）；C_{quantity} 为在满足环境流需求下人类可以利用的水资源量，即蓝水资源的承载能力（m³）；Q 为区域的淡水资源总量（m³）；e 为维持该区域基本生态系统功能所需的生态需水量（m³）；S_{quality} 为区域内水质型缺水指标；L 为环境内的净污染负荷（kg）；c_{effi} 为区域内污染物排放浓度（kg/m³）；c_{act} 为区域内取水水源的实际污染物的浓度（kg/m³）；C_{quality} 则是在满足特定环境水质标准前提下,区域水资源量能够稀释的最大污染物阈值(kg),即环境承载能力(kg);c_{max}为达到特定环境水质标准的污染物最高浓度(kg/m^3);c_{nat}为收纳水体的初始浓度(kg/m^3),即自然条件下某种污染物的本底浓度。

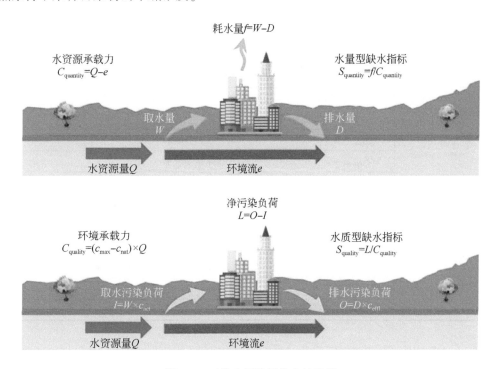

图 6-5 三维水短缺评价方法示意

3-D Water Scarcity 设立了阈值标准(表 6-2),为了便于理解,图 6-5 以示意图形式揭示了该方法核算水资源短缺的基本原理与过程。QQE 指标法本质上是一套可快速评估区域不同维度的水资源短缺现状的方法体系,一方面,该方法体系既可以考虑区域生产活动带来的水量型缺水程度,又可以评估生产和生活排污状况带来的水质型水短缺,同时还能定量评估由于地区的地质地貌、产汇流特点和植被覆盖特征差异性而导致的生态需水的空间异质性。另一方面,该方法具有操作简单、物理含义明确、数据需求量低和计算成本低等诸多优点,可快速应用于不同空间尺度的水资源短缺状况评估。

3-D Water Scarcity 指标法首次应用于我国典型的干旱半干旱气候区——内蒙古黄旗海流域,用于评价该流域水资源短缺状况。研究结果表明,为了保证该地区生态系统维持基本生态功能,大约 26% 的水资源量应该分配给生态系统,即环境流应占用蓝水资源量的近 1/4。区域水量型缺水和水质型缺水指标分别达到 1.3 和 14.2,均超过阈值 1.0,表明该区域存在水量型缺水和水质型缺水,水质型缺水问题尤为严重。因此该区域的 3-D Water Scarcity 指标法的结果表达为 1.3(26%)| 14.2,即黄旗海流域水量型水短缺程度为

1.3，生态需水量为流域总水资源量的26%，水质型水短缺为14.2。3-D Water Scarcity 评价可为区域提供一组包含水量、水质以及生态需水信息的水短缺信息，适用于不同尺度不同地区的水短缺核算。然而该指标不如 Falkenmark 指标和紧迫系数直观，不能用单一值来表征区域缺水状况，而是需要具备一些生态水文的专业知识后才能很好解释指标包含的信息。

表6-2　二维或三维模式下水量型和水质型缺水指标及其阈值标准

3-D Water Scarcity 指标	阈值设置	等级
$S_{quantity}$	$S_{quantity} \leq 1$	不缺水
	$1 < S_{quantity} \leq 1.5$	轻度水量型缺水
	$1.5 < S_{quantity} \leq 2$	中度水量型缺水
	$S_{quantity} > 2$	严重水量型缺水
$S_{quality}$	$S_{quality} \leq 1$	当地污染物可以被淡水资源量稀释到一定的环境标准，无水质型缺水
	$1 < S_{quality} \leq 1.5$	当地污染物无法完全被淡水资源量稀释达到一定的环境标准要求，存在轻度水质型缺水
	$1.5 < S_{quality} \leq 2$	中度水质型缺水
	$S_{quality} > 2$	严重水质型缺水

我国多年平均降水总量为 $6.1 \times 10^{12} \text{m}^3/\text{a}$，可更新的淡水资源量（包括地表水和地下水）为 $2.8 \times 10^{12} \text{m}^3/\text{a}$，居世界第6位，人均水资源量约为 $2200 \text{m}^3/\text{a}$，约为世界平均水平的1/4，位列世界第110位。最近的20多年中，由于受到气候变化和人类活动的影响，我国的降水和水资源量都略有减少，尤其是中国北方地区，水资源量呈现明显减少的趋势（张利平等，2009；Jiang，2009）。由于地理格局差异显著，降水分配不均，从南到北降水量和水资源量差异性较大。长江流域以南地区（包括长江流域）的面积约为全国面积的36.5%，水资源量占到了全国总量的81%；淮河流域（包括淮河流域）以北地区面积为全国面积的63.5%，但是水资源量却仅为全国水资源总量的19%。我国北方人口占全国人口的2/5，耕地面积占全国耕地面积的3/5，淡水水资源量却仅占1/5，人口、耕地及水资源的不平衡性分布，使得我国水资源面临着严重的水量型缺水问题（张利平等，2009）。在正常的水文年份里，全国662个城市中有300个城市都没有足够的水源供给，110个面临着严重的缺水问题（Jiang，2009）。水资源的过度开采造成众多河流的径流减少，水生生态系统破坏。在海河流域，几乎40%（约4000km）的水体干涸，194个自然湖泊（面积约为 6.67km^2）消失（王志民，2000）。随着人口增长和社会经济的发展，水资源受到污染，致使水质恶化。根据《2020年中国水资源公报》，在全国监测评价的17.6万km的河流水质中，38.6%的河流水质未达到Ⅲ类水质标准，受严重污染、基本丧失使用功能的

劣Ⅴ类水达到17.7%；在全国监测评价的99个湖泊的2.5万 km² 水面水质中，41%的水质未达到Ⅲ类水，污染严重的劣Ⅴ类水占13.2%。随着水体中污染物的增加，水体的纳污能力减弱，致使水质恶化，形成水质型缺水，进一步加剧水资源短缺的状况。水量型缺水和水质型缺水已经成为威胁我国水安全的重要因素。

6.3 我国水资源短缺评价

6.3.1 省级尺度水量型与水质型缺水

研究涉及的31个省份中，从水量型缺水程度来看，14个省份的水量型缺水指标 I_{blue} 值远高于0.4，存在水量型缺水问题。其中，宁夏的 I_{blue} 值最高，达到7.76，几乎为阈值0.4的19倍；其次为上海（3.23）和天津（1.54），其余17个省份暂不存在严重的水量型缺水问题，尤其是西藏（0.01）、青海（0.04）和云南（0.07），其水量状况良好。从水质型缺水程度来看，24个省份的水质型缺水指标 I_{grey} 值远高于1，存在水质型缺水问题。其中，天津的 I_{grey} 值最高，达到27.07，几乎为阈值1.0的27倍；其次为宁夏（25.48）和上海（21.13），其余7个省份暂不存在严重的水质型缺水问题，尤其是西藏（0.02）、青海（0.16）和云南（0.54），其水质状况良好。

总体而言，评价的31个省份中有14个省份属于水量水质综合缺水地区（图6-2），这些省份多处于中国北部和沿海的经济发达地区，其中，宁夏、天津、上海、河北和北京综合性水资源短缺问题最为严重；10个省份属于水质型缺水地区，其中吉林、陕西和安徽水质型缺水问题较为严重；7个省份暂不存在严重的水资源短缺问题，其中西藏、青海和云南的水问题最不明显、可持续性最好。水资源短缺问题不仅同当地的自然条件密切相关，同人口以及GDP的分布也具有重要的关系。如图6-6所示，44%的人口和52%的GDP所在省份既有水量型缺水问题，又有水质型缺水问题；80%的人口和89%的GDP所在省份具有水质型缺水问题；44%的人口和52%的GDP所在省份具有水量型缺水问题。缓解当地的水问题不仅仅是经济可持续发展的要求，同时也是改善人类福祉的必要条件。

核算全国主要省份的灰水足迹时，同流域情况相似，COD引起了工业部门的最大灰水足迹，TN引起了农业和生活部门的最大灰水足迹，而各省份最终的灰水足迹确定指标为TN。由此可以看出，在氨氮、COD、TN和TP中，TN引起的水质问题最为严重，其主要排放源为农业部门和生活部门。针对这一现象，各个省份甚至各个城市都需要对各污染源的污染物排放进行严格的监测，综合各地区淡水资源量、人口数量以及经济发展等因素，

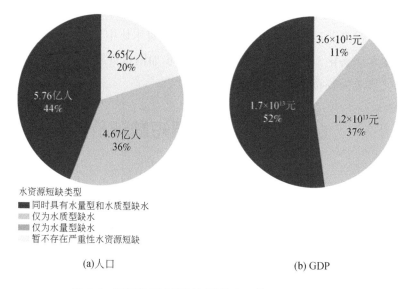

图 6-6 不同类型水资源短缺的人口数量和 GDP 分布

制定水体排污标准,以确保各地的用水消耗都在可持续发展的范围内。

6.3.2 流域尺度水量型与水质型缺水

从水量型缺水程度来看,全国十大流域的水量型缺水指标 I_{blue} 值从大到小依次为海河流域、黄河流域、辽河流域、淮河流域、西北诸河流域、松花江流域、长江流域、东南诸河流域、珠江流域和西南诸河流域。其中,前 5 个流域水量型缺水程度较为严重,I_{blue} 值均超过阈值 0.4,尤其是海河流域,其值高达 1.36;后 5 个流域暂不存在严重的水量型缺水问题,西南诸河流域水量最为充沛,其值仅为 0.02。从水质型缺水程度来看,全国十大流域的 I_{grey} 值从大到小依次为海河流域、淮河流域、辽河流域、黄河流域、松花江流域、东南诸河流域、长江流域、珠江流域、西北诸河流域和西南诸河流域。其中,前 8 个流域的水质型缺水程度较为严重,I_{grey} 值均超过阈值 1.0,尤其是海河流域,其值高达 24.93;后 2 个流域暂不存在严重的水质型缺水问题,西南诸河流域的水质状况最好,其值仅为 0.1。

总体来看,辽河流域、海河流域、淮河流域和黄河流域同时具有水量型和水质型缺水问题(图 6-7),其中,海河流域水资源短缺问题最为严重,其总指标值高达 26.29;松花江流域、长江流域、珠江流域和东南诸河流域属于水质型缺水地区,西北诸河流域属于水量型缺水地区,而只有西南诸河流域暂不存在严重的水资源短缺问题,其指标值为 0.2。

图 6-7 中国十大流域水资源短缺分布

6.3.3 水资源短缺的环境影响

水质问题在一定程度上影响着社会的发展。由水质问题引起的水资源短缺主要发生在中国的北部和东部，给当地的居民生活和经济发展都带来了很大的负面影响。Zhu 等（2020）对珠江流域进行了研究，发现 2010 年珠江遭受污染的水体达到了 3.52 亿 m^3，预计到 2020 年将会达到 5.37 亿 m^3，这些水量可分别满足 254 万和 368 万居民的用水需求。为了更好地满足人类用水和环境用水的需求，需要执行严格的水资源管理措施。根据不同地区的水资源短缺类型和程度，制定针对性的管理方案。过去的几十年里，中国的很多水资源管理措施仅能暂时性地满足部分地区的用水需求，并不能长久地缓解水资源短缺问题。中国的水管理模式为"九龙治水"，即多个不同层级的部门共同管理水资源，由于各部门之间利益的冲突，缺少相应的协调和合作，并不能对水资源进行有效的配置、管理和保护。例如，在制定水管理方案时，经济部门会针对成本问题制定相关水政策，这种情况下，水的其他性质和功能将会被忽略。水不仅仅是人类生存的根本，同时还是自然生态系统健康运转的必要条件，是人类和自然相互依赖、相互影响的重要载体。水管理亦是如此，管理水资源时不仅要考虑到人类现有的需求，更需要关注人类和自然的可持续发展需求。

在处理水问题时，应侧重以下两个方面进行水资源的综合管理：①流域管理。尽管我国缺水状况较为明显，但是由于各个流域的水资源短缺状况并不相同，空间差异较大，因此，在进行水资源管理时，可以从流域尺度入手，分别针对各流域的水量和水质的情况制定针对性的管理和保护策略。②分污染物治理。水污染问题造成的水资源短缺影响更为严重。在全国十大流域的灰水足迹计算中，研究发现工业部门的最终污染指标为 COD，农业和生活部门的最终污染指标为 TN，流域的最终污染指标为 TN。因此，在对流域水资源进行管理时，应当对不同的污染物进行治理，加强流域排污的监管力度，控制排污口的污染种类和污染浓度。

本书对于全国水资源短缺的评价研究主要以第一次全国污染源普查结果为依据，进行了各流域和省市的灰水足迹计算与分析。研究主要以常见污染物为指标，并未考虑重金属等其他物质造成的水质污染问题，水体对重金属等物质较为敏感，因此，重金属引发的灰水足迹可能会远大于普通污染物产生的结果。但是由于无法获得各个地区的重金属等其他污染的排放量，本书仅考虑了污染普查中涉及的各项污染指标，计算的结果有可能会低于实际值。

对于灰水足迹的核算来说，本研究采用的面源污染灰水足迹模型简单易用，在面源污染数据不充分的条件下，可以满足初步粗略计算的目的。但此模型忽略了土地类型、农业活动、土壤类型等因素对面源污染淋溶量的影响，计算结果精细度相对较低。Liu 等（2010）将面源污染淋溶量视为气象因素、土壤参数、植被类型的函数，采用回归方程的方法计算氮元素的淋失量，较固定比值法的计算精度要高，在相关数据充分的情况下，为计算面源污染灰水足迹的理想方法。

参 考 文 献

王志民. 2000. 解决海河流域缺水问题的思考. 海河水利，(6)：1-2.

张利平，夏军，胡志芳. 2009. 中国水资源状况与水资源安全问题分析. 长江流域资源与环境，18（2）：116-120.

Abu-Nada E, Oztop H F. 2011. Numerical analysis of Al2o3/Water nanofluids natural convection in a wavy walled cavity. Numerical Heat Transfer, Part A: Applications, 59 (5): 403-419.

Alcamo E A, Chirivella L, Dautzenberg M, et al. 2008. Satb2 regulates callosal projection neuron identity in the developing cerebral cortex. Neuron, 57 (3): 364-377.

Alcamo J, Henrichs T, Rosch T. 2000. World water in 2025. World Water Series Report, 2.

Alcamo J, Henrichs T. 2002. Critical regions: a model-based estimation of world water resources sensitive to global changes. Aquatic Sciences, 64 (4): 352-362.

Alcamo J, Döll P, Henrichs T, et al. 2003. Development and testing of the WaterGAP 2 global model of water use and availability. Hydrological Sciences Journal, 48 (3): 317-337.

Alcamo J, Flörke M, Märker M. 2007. Future long-term changes in global water resources driven by socio-economic and climatic changes. Hydrological Sciences Journal, 52(2): 247-275.

Arnell N W. 2004. Climate change and global water resources: SRES emissions and socio-economic scenarios. Global Environmental Change, 14(1): 31-52.

Arnell N W, van Vuuren D P, Isaac M. 2011. The implications of climate policy for the impacts of climate change on global water resources. Global Environmental Change, 21(2): 592-603.

Bayart J B, Bulle C, Deschênes L, et al. 2010. A framework for assessing off-stream freshwater use in LCA. The International Journal of Life Cycle Assessment, 15(5): 439-453.

Berger M, van der Ent R, Eisner S, et al. 2014. Water accounting and vulnerability evaluation (WAVE): considering atmospheric evaporation recycling and the risk of freshwater depletion in water footprinting. Environmental Science and Technology, 48(8): 4521-4528.

Björklund J A, Thuresson K, de Wit C A. 2009. Perfluoroalkyl compounds (PFCs) in indoor dust: concentrations, human exposure estimates, and sources. Environmental Science and Technology, 43(7): 2276-2281.

Bockstaller C, Girardin P. 2003. How to validate environmental indicators. Agricultural Systems, 76(2): 639-653.

Bogardi J J, Fekete B M, Vörösmarty C J. 2013. Planetary boundaries revisited: a view through the 'water lens'. Current Opinion in Environmental Sustainability, 5(6): 581-589.

Brauman K A, Richter B D, Postel S, et al. 2016. Water depletion: an improved metric for incorporating seasonal and dry-year water scarcity into water risk assessments Water depletion: improved metric for seasonal and dry-year water scarcity. Elementa: Science of the Anthropocene: 4.

Cosgrove W J, Rijsberman F R. 2000. Challenge for the 21st century: making water everybody's business. Sustainable Development International, 2: 149-156.

Dauvin J C, Andrade H, de-la-Ossa-Carretero J A, et al. 2016. Polychaete/amphipod ratios: an approach to validating simple benthic indicators. Ecological Indicators, 63: 89-99.

Donoso M, Di Baldassarre G, Boegh E, et al. 2012. International Hydrological Programme (IHP) Eighth Phase: Water Security: Responses to Local, Regional and Global Challenges. Strategic Plan, IHP-VIII (2014-2021).

Donoso M, Collins A G E, Koechlin E. 2014. Foundations of human reasoning in the prefrontal cortex. Science, 344(6191): 1481-1486.

Falkenmark M. 1989. Vulnerability Generated by Water Scarcity Synopsis. Ambio, 18(6): 352-353.

Falkenmark M. 1997. Society's interaction with the water cycle: a conceptual framework for a more holistic approach. Hydrological Sciences Journal, 42(4): 451-466.

Falkenmark M, Rockström J. 2004. Balancing water for humans and nature: the new approach in ecohydrology. London: Earthscan.

Falkenmark M, Lundqvist J, Widstrand C. 1989. Macro-Scale Water Scarcity Requires Micro-Scale Approaches:

Aspects of Vulnerability in Semi-Arid Development//Natural Resources Forum. Oxford, UK: Blackwell Publishing Ltd, 13 (4): 258-267.

Falkenmark M, Rockström J, Rockström J. 2004. Balancing Water for Humans and Nature: the New Approach in Ecohydrology. London: Earthscan.

Falkenmark M, Rockström J, Karlberg L. 2009. Present and future water requirements for feeding humanity. Food Security, 1 (1): 59-69.

Fekete B M, Stakhiv E Z. 2014. Performance Indicators in The Water Resources Management Sector//The Global Water System in the Anthropocene. Cham: Springer: 15-26.

Flörke M, Kynast E, Bärlund I, et al. 2013. Domestic and industrial water uses of the past 60 years as a mirror of socio-economic development: a global simulation study. Global Environmental Change, 23 (1): 144-156.

Frischknecht B D. 2009. Market Systems Modeling for Public Versus Private Tradeoff Analysis in Optimal Vehicle Design. Michigan: University of Michigan.

Frischknecht R, Heine M, Perrais D, et al. 2009. Brain extracellular matrix affects AMPA receptor lateral mobility and short-term synaptic plasticity. Nature Neuroscience, 12 (7): 897-904.

Gerten D, Heinke J, Hoff H, et al. 2011. Global water availability and requirements for future food production. Journal of Hydrometeorology, 12 (5): 885-899.

Gerten D, Hoff H, Rockström J, et al. 2013. Towards a revised planetary boundary for consumptive freshwater use: role of environmental flow requirements. Current Opinion in Environmental Sustainability, 5 (6): 551-558.

Gosling S N, Arnell N W. 2016. A global assessment of the impact of climate change on water scarcity. Climatic Change, 134 (3): 371-385.

Haddeland I, Heinke J, Biemans H, et al. 2014. Global water resources affected by human interventions and climate change. Proceedings of the National Academy of Sciences, 111 (9): 3251-3256.

Hanasaki N, Kanae S, Oki T, et al. 2008. An integrated model for the assessment of global water resources-Part 1: model description and input meteorological forcing. Hydrology and Earth System Sciences, 12 (4): 1007-1025.

Hanasaki N, Fujimori S, Yamamoto T, et al. 2013. A global water scarcity assessment under Shared Socio-economic Pathways-Part 2: water availability and scarcity. Hydrology and Earth System Sciences, 17 (7): 2393-2413.

Hayashi C, Gudino C V, Gibson Iii F C, et al. 2010. Pathogen-induced inflammation at sites distant from oral infection: bacterial persistence and induction of cell-specific innate immune inflammatory pathways. Molecular Oral Microbiology, 25 (5): 305-316.

Hoekstra A Y, Mekonnen M M. 2011. The monthly blue water footprint compared to blue water availability for the worlds major river basins. Delft: UNESCO-IHE.

Hoekstra A Y, Mekonnen M M. 2016. Imported water risk: the case of the UK. Environmental Research Letters, 11 (5): 055002.

Hoekstra A Y, Chapagain A K, Aldaya M M, et al. 2011. The Water Footprint Assessment Manual: Setting the Global Standard. London: Routledge.

Hoekstra A Y, Mekonnen M M, Chapagain A K, et al. 2012. Global monthly water scarcity: blue water footprints versus blue water availability. PloS One, 7 (2): e32688.

Jiang Y. 2009. China's water scarcity. Journal of Environmental Management, 90 (11): 3185-3196.

Jury W A, Vaux Jr H. 2005. The role of science in solving the world's emerging water problems. Proceedings of the National Academy of Sciences, 102 (44): 15715-15720.

Kounina A, Margni M, Bayart J B, et al. 2013. Review of methods addressing freshwater use in life cycle inventory and impact assessment. The International Journal of Life Cycle Assessment, 18 (3): 707-721.

Kummu M, Ward P J, de Moel H, et al. 2010. Is physical water scarcity a new phenomenon? Global assessment of water shortage over the last two millennia. Environmental Research Letters, 5 (3): 034006.

Kummu M, Tes S, Yin S, et al. 2014. Water balance analysis for the Tonle Sap Lake-floodplain system. Hydrological Processes, 28 (4): 1722-1733.

Kummu M, Guillaume J H A, de Moel H, et al. 2016. The world's road to water scarcity: shortage and stress in the 20th century and pathways towards sustainability. Scientific Reports, 6 (1): 1-16.

Liu J, Folberth C, Yang H, et al. 2013a. A global and spatially explicit assessment of climate change impacts on crop production and consumptive water use. PLoS One, 8 (2): e57750.

Liu J, Yang H. 2010. Spatially explicit assessment of global consumptive water uses in cropland: green and blue water. Journal of Hydrology, 384 (3-4): 187-197.

Liu J, Hertel T, Taheripour F, et al. 2013b. Water scarcity and international agricultural trade. https://www.docin.com/p-1456565494.html [2022-12-01].

Liu J, Liu Q, Yang H. 2016. Assessing water scarcity by simultaneously considering environmental flow requirements, water quantity, and water quality. Ecological Indicators, 60: 434-441.

Liu W, Zhang Q, Liu G. 2012. Influences of watershed landscape composition and configuration on lake-water quality in the Yangtze River basin of China. Hydrological Processes, 26 (4): 570-578.

Liu X, Li G, Liu Z, et al. 2010. Water pollution characteristics and assessment of lower reaches in Haihe River Basin. Procedia Environmental Sciences, 2: 199-206.

Lund J R. 2015. Integrating social and physical sciences in water management. Water Resources Research, 51 (8): 5905-5918.

Mekonnen M M, Hoekstra A Y. 2016. Four billion people facing severe water scarcity. Science Advances, 2 (2): e1500323.

Munia H, Guillaume J H A, Mirumachi N, et al. 2016. Water stress in global transboundary river basins: significance of upstream water use on downstream stress. Environmental Research Letters, 11 (1): 014002.

Myers S S, Patz J A. 2009. Emerging threats to human health from global environmental change. Annual Review of Environment and Resources, 34 (1): 223-252.

Ohlsson L, Appelgren B. 1998. Water and social resource scarcity. FAO Issue Paper (FAO, Rome).

Oki T, Kanae S. 2006. Global hydrological cycles and world water resources. Science, 313 (5790): 1068-1072.

Pastor A V, Ludwig F, Biemans H, et al. 2014. Accounting for environmental flow requirements in global water assessments. Hydrology and Earth System Sciences, 18 (12): 5041-5059.

Perveen S, James L A. 2011. Scale invariance of water stress and scarcity indicators: facilitating cross-scale comparisons of water resources vulnerability. Applied Geography, 31 (1): 321-328.

Pfister S, Koehler A, Hellweg S. 2009. Assessing the environmental impacts of freshwater consumption in LCA. Environmental Science and Technology, 43 (11): 4098-4104.

Poff N L R, Allan J D, Bain M B, et al. 1997. The natural flow regime. BioScience, 47 (11): 769-784.

Qin H, Su Q, Khu S T, et al. 2014. Water quality changes during rapid urbanization in the Shenzhen River Catchment: an integrated view of socio-economic and infrastructure development. Sustainability, 6 (10): 7433-7451.

Raskin I, Smith R D, Salt D E. 1997. Phytoremediation of metals: using plants to remove pollutants from the environment. Current Opinion in Biotechnology, 8 (2): 221-226.

Reder K, Bärlund I, Voß A, et al. 2013. European scenario studies on future in-stream nutrient concentrations. Transactions of the ASABE, 56 (6): 1407-1417.

Reder K, Flörke M, Alcamo J. 2015. Modeling historical fecal coliform loadings to large European rivers and resulting in-stream concentrations. Environmental Modelling and Software, 63: 251-263.

Revenga C, Mock G. 2000. Dirty Water: Pollution Problems Persist. World Resources Institute.

Richter A, Rysgaard S, Dietrich R, et al. 2011. Coastal tides in West Greenland derived from tide gauge records. Ocean Dynamics, 61 (1): 39-49.

Richter B E, Jones B A, Ezzell J L, et al. 1996. Accelerated solvent extraction: a technique for sample preparation. Analytical Chemistry, 68 (6): 1033-1039.

Richter B, Baumgartner J, Wigington R, et al. 1997. How much water does a river need? Freshwater Biology, 37 (1): 231-249.

Rijsberman F R. 2006. Water scarcity: fact or fiction? Agricultural Water Management, 80 (1-3): 5-22.

Rijsberman F R, Manning N, de Silva S. 2006. Increasing Green and Blue Water Productivity to Balance Water for Food and Environment//Fourth World Water Forum: 16-22.

Rockström J, Falkenmark M, Karlberg L, et al. 2009. Future water availability for global food production: the potential of green water for increasing resilience to global change. Water Resources Research, 45 (7).

Savenije H H G. 2000. Water scarcity indicators; the deception of the numbers. Physics and Chemistry of the Earth, Part B: Hydrology, Oceans and Atmosphere, 25 (3): 199-204.

Schneider B, Ehrhart M G, Macey W H. 2013. Organizational climate and culture. Annual Review of Psychology, 64 (1): 361-388.

Seckler D, Amarasinghe U, Molden D, et al. 1998. World Water Demand and Supply, 1990 to 2025: Scenarios and Issues. Research Report. International Water Management Institute, Colombo, Sri Lanka.

Simelton E, Fraser E D G, Termansen M, et al. 2009. Typologies of crop-drought vulnerability: an empirical analysis of the socio-economic factors that influence the sensitivity and resilience to drought of three major food crops in China (1961—2001). Environmental Science and Policy, 12 (4): 438-452.

Simelton E, Fraser E D G, Termansen M, et al. 2012. The socioeconomics of food crop production and climate change vulnerability: a global scale quantitative analysis of how grain crops are sensitive to drought. Food Security, 4 (2): 163-179.

Smakhtin V, Revenga C, Döll P. 2004. A pilot global assessment of environmental water requirements and scarcity. Water International, 29 (3): 307-317.

Sullivan C. 2001. The potential for calculating a meaningful water poverty index. Water International, 26 (4): 471-480.

Sullivan C. 2002. Calculating a water poverty index. World Development, 30 (7): 1195-1210.

Sullivan C A, Meigh J R, Giacomello A M. 2003. The water poverty index: development and application at the community scale//Natural resources forum. Oxford, UK: Blackwell Publishing Ltd, 27 (3): 189-199.

Taenzler D, Carius A, Maas A. 2008. Assessing the susceptibility of societies to droughts: a political science perspective. Regional Environmental Change, 8 (4): 161-172.

Veldkamp T I E, Wada Y, de Moel H, et al. 2015. Changing mechanism of global water scarcity events: impacts of socioeconomic changes and inter-annual hydro-climatic variability. Global Environmental Change, 32: 18-29.

Voß E V, Škuljec J, Gudi V, et al. 2012. Characterisation of microglia during de-and remyelination: can they create a repair promoting environment? Neurobiology of Disease, 45 (1): 519-528.

Vörösmarty C J, Green P, Salisbury J, et al. 2000. Global water resources: vulnerability from climate change and population growth. Science, 289 (5477): 284-288.

Vörösmarty C J, McIntyre P B, Gessner M O, et al. 2010. Global threats to human water security and river biodiversity. Nature, 467 (7315): 555-561.

Vörösmarty C J, Meybeck M, Pastore C L. 2015. Impair-then-repair: a brief history & global-scale hypothesis regarding human-water interactions in the anthropocene. Daedalus, 144 (3): 94-109.

Wada Y, Van Beek L P H, Bierkens M F P. 2011. Modelling global water stress of the recent past: on the relative importance of trends in water demand and climate variability. Hydrology and Earth System Sciences, 15 (12): 3785-3808.

Wada Y, Wisser D, Bierkens M F P. 2014. Global modeling of withdrawal, allocation and consumptive use of surface water and groundwater resources. Earth System Dynamics, 5 (1): 15-40.

Wolters E A. 2014. Attitude-behavior consistency in household water consumption. The Social Science Journal, 51 (3): 455-463.

Zeng Z, Liu J, Savenije H H G. 2013. A simple approach to assess water scarcity integrating water quantity and quality. Ecological Indicators, 34: 441-449.

Zhao X, Liu J, Liu Q, et al. 2015. Physical and virtual water transfers for regional water stress alleviation in China. Proceedings of the National Academy of Sciences, 112 (4): 1031-1035.

Zhao X, Liu J, Yang H, et al. 2016. Burden shifting of water quantity and quality stress from megacity Shanghai. Water Resources Research, 52 (9): 6916-6927.

Zhu Y, Zhao J, Zhao Y, et al. 2020. Numerical model research on the oil spill in channel of anchorage outside Pearl River Estuary. Journal of Coastal Research, 111 (SI): 130-139.

第 7 章 自然-社会系统水资源评价案例 ——以京津冀地区为例

7.1 京津冀地区的战略地位与水资源状况

京津冀地区是我国乃至世界水资源短缺问题极为突出的典型地区。北京、河北年人均水资源量均为 $300m^3$，天津约为 $160m^3$，都远低于国际公认的的水资源短缺阈值（$1700m^3$）。社会经济的发展导致京津冀地区水资源过度开发利用，并引发了一系列生态环境问题，河道断流、地下水位下降、水体严重污染等，并在很多地区出现了"有河皆干，有水皆污"的情况（杨志峰等，2005；夏军等，2006；刘登伟，2010；王浩等，2013；严登华等，2013）。京津冀地区严峻的水问题为从事水资源短缺研究提供了理想的场所，也为我国在水资源短缺研究方向上取得创新性成果提供了契机。

同时，京津冀一体化发展已经成为国家重大战略，如何缓解区域水资源压力是该战略下必须面对的关键问题。京津冀一体化发展战略的实施也急需对该地区水资源短缺的成因、演变规律和驱动机制展开深入研究，并以此为依据制定科学的水危机应对策略。面向国家水安全重大需求和京津冀一体化发展战略，综合评价京津冀水资源及其区域联系，揭示水资源短缺演变规律和机理，阐明社会经济用水对生态环境影响机制，不仅必要而且非常迫切。

7.2 京津冀地区水足迹与虚拟水贸易核算方法

7.2.1 蓝绿水足迹核算

根据《2015 年中国水资源公报》，农业部门的直接耗水量占整个经济部门耗水量的 80% 以上，农业属于高度水资源密集型产业。因此，准确核算农业部门蓝绿水足迹是产业部门水足迹核算成败的关键，其中农业部门中的农作物耗水量占到部门总耗水量的 80% 以上，为重中之重。目前，农作物水足迹的核算方法主要分为两大类：以统计为基础的农田灌溉水量核算和以作物生长机理为核心的模型模拟核算。以统计数据为依据的作物水足迹核算方法主要以各省级行政区及其下辖市县区每年汇总的农业灌溉用水量为基础，结合灌溉试验、渠系水利用系数、地下水计算参数等资料分析确定的耗水率，间接推求农业耗水量，即作物水足迹。该方法具有操作简单、数据易得、时效性强且覆盖面广等优点，是我国水资源公报统计各产业用水消耗量的常用方法。然而，也因为这些特点，基于统计的农作物水足迹核算存在数据准确性受人为因素影响大、数据质量参差不齐等缺点，且统计数据仅限于农业灌溉水量，即蓝水足迹，对土壤水消耗（绿水足迹）及农业种植带来的水污染问题（灰水足迹）关注很少。

在此情况下，以作物生长机理为核心的模型模拟显示了其在核算作物水足迹方面的优势，基于作物生长模型的作物水足迹核算依据作物自身生长规律，结合实际的作物种植分布、气候条件、土壤条件、施肥条件等生长要素来模拟作物生长过程对水资源消耗情况，既包括由灌溉导致的蓝水资源消耗，也包括对土壤水等绿水资源消耗，是全面评估作物水足迹消耗的重要方法（Liu and Yang，2010）。用模型模拟数据替代传统的统计数据，既可避免由人为因素导致的数据不稳定性问题，也可进一步估算作物绿水足迹消耗。

本书应用生态系统过程模型核算京津冀地区农业生产的水足迹。采用 GEPIC 模型（Liu et al.，2007a，2009），结合最新的气象、土壤、作物分布等数据，对京津冀 2002~2012 年农作物蓝绿水足迹进行模拟。GEPIC 已成功应用于全球、国家、地区等不同尺度上农作物蓝绿水消耗的模拟，并得到了很好的验证（Liu et al.，2007b；Liu and Yang，2010；Zhao et al.，2017）。

绿水足迹仅存在于农业部门中，第二产业和第三产业没有直接的绿水消耗，第二产业和第三产业分部门的蓝水足迹由各自的用水量乘以耗水率获得。

7.2.2 灰水足迹核算

灰水足迹是以现有的环境水质标准和水体自然本底浓度为基准，将排放的污染物稀释到特定环境水质标准需要的水量（Hoekstra and Mekonnen，2011），计算方法如式（4-1）所示。

点源污染是指污染物经由固定地点（如污水处理厂的排水管、下水道等）排放到水体中（例如，工业废水及城市生活污水由排污口汇入到江河湖泊），引起富营养化或其他形式的污染（Hill，1997；曾昭，2014；曾昭和刘俊国，2013）。点源废水中含有各种形式的污染物且成分复杂，如 COD、氨氮、挥发酚、镉、铅等，对于第二产业和第三产业而言，COD 和氨氮是污水中含量最大的污染物，因此选 COD 和氨氮作为评价灰水足迹的两个主要指标。面源污染是指化学物质（如化肥和杀虫剂）施用于土壤表面时，一小部分溶解的化学物质在雨水或融雪的冲刷作用下，渗入地下水或通过地表径流进入河流、湖泊等地表水体，引起水体富营养化或其他形式的污染（Olness，1994；Liu et al.，2012）。作物生长施用的化肥及农药和畜禽养殖的动物排泄物都会对水质产生污染，都是面源污染的主要污染源。农林生产过程中主要施用氮肥、磷肥、钾肥以及复合肥料，其中土壤胶体离子可吸附钾离子，所以钾离子不易产生流动，对土壤及地下水的影响有限（盖力强等，2010；徐鹏程和张兴奇，2016）。因此，对于农业部门，除了要考虑 COD 和氨氮这两个指标外，还要考虑 TN 和 TP 这两个与农业生产密切相关的指标。

灰水足迹核算时，尽管不同部门的污染物种类和数量不同，但均可被水体同时稀释，故选取灰水足迹值最大的指标作为该部门的污染指标，其灰水足迹值认定为此部门的灰水足迹（曾昭和刘俊国，2013），见式（4-3）。

本研究以《地表水环境质量标准》（GB 3838—2002）基本项目标准限值为标准，核算灰水足迹的阈值。该标准将水质评价标准分为五类，其中Ⅲ类水质标准主要适用于集中式生活饮用水地表水源地、二级保护区、鱼虾类越冬场、水产养殖区、洄游通道等渔业水域及游泳区。Ⅲ类水质标准是满足生物生存的最低标准，故本研究在核算京津冀地区产业部门灰水足迹时，选用Ⅲ类水质 COD 标准浓度 20mg/L（即 $C_{max}=0.02\mathrm{kg/m^3}$）和氨氮标准浓度 1mg/L（即 $C_{max}=0.001\mathrm{kg/m^3}$）为阈值浓度，农业部门的灰水足迹，另增选总氮标准浓度 1mg/L（即 $C_{max}=0.001\mathrm{kg/m^3}$）和总磷标准浓度 0.2mg/L（即 $C_{max}=0.0002\mathrm{kg/m^3}$）。$C_{nat}$ 为污染物在水体中的初始浓度，通常情况下假设为零（Hoekstra et al.，2011）。

7.2.3 耦合 MRIO 与 GEPIC 的水足迹核算模型

依据上述方法，可核算出产业部门的直接水足迹消耗，在此基础上，构建基于区域间投入产出关系的水足迹核算模型。将 GEPIC 模型与多区域间投入产出（MRIO）模型进行耦合，构建京津冀及全国其他省份 2012 年不同产业部门的水足迹评价模型。本书将产业部门的水足迹分为仅考虑区域内部经济条件的生产水足迹和必须考虑区域外部条件的衡量研究区内居民消费的所有产品和服务所需的淡水资源量的消费水足迹两种类型。

7.2.3.1 生产水足迹核算

生产水足迹不涉及外部经济条件，仅取决于区域内部经济条件、区域最终消费量和用于输出的输出量，计算公式为

$$\mathbf{wf}_r^{prd}=\hat{w}_r \cdot x_r = \hat{w}_r \cdot L_r \cdot \hat{y}_r = \hat{w}_r \cdot (I-A)^{-1}(\mathbf{in}_r+\mathbf{ex}_r) \tag{7-1}$$

式中，$\mathbf{wf}_r^{prd}$ 为地区 r 的生产水足迹（m³）；$\hat{w}_r$ 为地区 r 各部门直接耗水强度列向量

（m^3/元），指单位总产出所消耗的水资源量；x_r 为地区 r 各部门总产出向量（元）；$L_r = (I-A)^{-1}$ 为 Leontief 逆矩阵；I 为单位矩阵；A 为产业直接消耗系数矩阵，$A = (a_{ij})_{n \times n}$，$a_{ij}$ 表示第 j 部门每增加单位总产出所需的第 i 部门投入的产品或服务的价值量；$\hat{y}_r$ 为由地区 r 各部门最终消费列向量构成的对角矩阵（元），包括两部分，in_r 为内部消费列向量，指用于本地居民消费、政府消费以及资本形成的最终产品和服务，ex_r 为输出产品或服务列向量（包括国内输出和出口至国外两部分），字母上方加^表示该向量的对角矩阵（下同）。

其中，直接耗水强度向量为

$$w_r = d_r / x_r \tag{7-2}$$

式中，d_r 为地区 r 各部门的直接耗水向量（m^3）。本章将部门水足迹区分为蓝水足迹、绿水足迹和灰水足迹，因此，此处的直接耗水强度也将分为蓝水耗水强度、绿水耗水强度和灰水耗水强度三类（下同）。

部门在生产产品和提供服务的过程中，除了消耗本部门的水资源外，由于使用其他部门的中间投入产品，还间接消耗外部地区的水资源。完全耗水强度是表征某部门增加单位最终消费时伴随的整个经济链耗水量的增加，既包括本部门直接消耗的水资源量，也包括本部门最终产品对其他部门中间产品的消耗而导致的间接水资源消耗，计算公式为

$$B_r = w_r \cdot L_r = w_r \cdot (I - A_r)^{-1} \tag{7-3}$$

式中，B_r 表示地区 r 部门完全耗水强度行向量（m^3/元）。

7.2.3.2 消费水足迹核算

消费水足迹是区域内消费的所有商品和服务中"蕴含"的淡水资源量，即其所消费的产品（如食品、服装、住宅、电脑和其他工业产品等）在生产过程中消耗的水资源量。区域消费水足迹包含研究区对本地水资源消费和以虚拟水贸易的形式对外部水资源的消耗，由于消费水足迹核算涉及研究区外的经济数据，单区域投入产出表仅包含区域内经济信息，对区域外信息表征不足，因此不能真实反映地区的消费水足迹。相比之下，多区域投入产出表包含的信息更充分，可以核算各地区不同部门的水资源消耗以及地区间的虚拟水交易量，是准确核算地区消费水足迹的有效数据源。消费水足迹分为内部水足迹和外部水足迹两种类型，内部水足迹指本地消费的本地生产的产品所消耗的水资源量。外部水足迹指本地消费的其他地区产品的生产所消耗的水资源，即虚拟水输入量，虚拟水输入来源又可以分为从国内其他省份输入和从国外进口两种。以往多数水足迹量化研究在计算外部水足迹时，由于数据限制而假设外部单位生产用水与内部的相同。本书采用 Peters（2007）提出的贸易排放量框架处理区域间产业贸易关系，将单区域模型拓展为多区域模型，从而正确核算外部水足迹，分析特定产业部门对其他地区水资源的依赖程度，揭示水足迹的产

业分布与转移规律。

基于多区域投入产出表计算地区 r 的消费水足迹的计算公式为

$$\mathbf{wf}_r^{con} = \mathbf{wf}_{rr}^{con} + \mathbf{vwi}_r^{con} + \mathbf{im}_r^{con} \tag{7-4}$$

式中，$\mathbf{wf}_r^{con}$ 为地区 r 的消费水足迹向量（m³）；$\mathbf{wf}_{rr}^{con}$ 为内部水足迹向量（m³）；$\mathbf{vwi}_r^{con}$ 为地区 r 从国内其他省份输入的虚拟水量（m³），等于国内其他省份输出到地区 r 的虚拟水总量；$\mathbf{im}_r^{con}$ 为地区 r 从国外进口的虚拟水量（m³）。

内部水足迹的计算公式为

$$\mathbf{wf}_{rr}^{con} = \hat{w}_r \cdot L_r \cdot f_{rr} \tag{7-5}$$

式中，$\hat{w}_r$ 为部门直接耗水强度向量（m³/元），指单位总产出所需的水资源量；$L_r = (I - A_r)^{-1}$ 为地区 r 的 Leontief 逆矩阵，I 为单位矩阵，A_r 矩阵是地区 r 的直接消耗系数，$A_r = (a_{ij})_n \times n$，$a_{ij}$ 表示第 j 部门每增加单位总产出所需的第 i 部门投入的产品或服务的价值量；f_{rr} 为地区 r 生产用于自身消费的最终消费向量（元）。

地区 r 从国内其他省份输入的虚拟水量可表示为

$$\mathbf{vwi}_r^{con} = \sum_{s \neq r} \mathbf{vwe}_{sr} = \sum_{s \neq r} \hat{w}_s \cdot L_s \cdot f_{sr} \tag{7-6}$$

式中，$\mathbf{vwi}_r^{con}$ 为地区 s 向地区 r 输出的虚拟水量；w_s 为区域 s 的部门直接耗水强度（m³/元）；L_s 为区域 s 的 Leontief 逆矩阵；f_{sr} 为地区 s 向地区 r 输出产品或提供服务的产值向量（元），本研究对地区 s 输出到地区 r 的产品是用于满足最终需求还是中间需求不作区分，均假设为满足最终需求。

由于无法获得国外地区产品的单位虚拟水含量数据，本研究的输入部门虚拟水量的计算是基于输入区生产技术与地区 r 相同的假设条件。由于国外进口量相较于从国内其他省份的输入量少很多，上述假设条件对最终结果的影响较小，故忽略。地区 r 从国外进口的虚拟水量为

$$\mathbf{im}_r^{con} = \hat{w}_r \cdot L_r \cdot i_r \tag{7-7}$$

式中，i_r 为地区 r 从国外进口的产品产值向量。

结合式（7-7），地区 r 的消费水足迹的计算公式为

$$\mathbf{wf}_r^{con} = \hat{w}_r \cdot L_r \cdot f_{rr} + \sum_{s \neq r} \hat{w}_s \cdot L_s \cdot f_{sr} + \hat{w}_r \cdot L_r \cdot i_r \tag{7-8}$$

7.2.3.3 数据源

本章所需数据包括研究期内的中国区域间投入产出表、相应的各部门直接蓝绿水足迹、各部门污染物排放数据。农业部门直接蓝绿水足迹数据用 GEPIC 模型模拟得出，所需的中国作物空间分布图来自 Ramankutty 等（2008）、土壤数据来自 FAO 和 Batjes（1994）、气象数据来自 Ruane 等（2015）、施肥数据来自 Fischer（2005）、DEM 数据来自 EROS

Data Center、坡度数据来自 USGS。第二产业和第三产业蓝水消耗数据来自水利部 2002 年、2007 年、2010 年和 2012 年的《中国水资源公报》，各部门污染物排放量来自 2003 年、2008 年、2011 年和 2013 年的《中国环境统计年鉴》和《污染源普查数据集》。本研究依据《中国经济普查年鉴 2008》和《污染源普查数据集》，对中国 30 个省份 30 个部门的耗水数据进行了调查，将各部门单位总产出用水效率和污染排放量直接水足迹数据降尺度，与多区域投入产出表部门相匹配（表 3-1）。

7.3 京津冀地区水足迹产业分布特征

图 7-1 和图 7-2 分别展示了京津冀地区产业水足迹在 30 个产业部门间的分布情况。在生产水足迹目录中，北京蓝水足迹为 9.5 亿 m^3，绿水足迹为 7.05 亿 m^3，灰水足迹为 $4.28 \times 10^{10} m^3$。北京 70% 以上生产水足迹以贸易的形式输出到其他地区，这意味着仅有 30% 左右的本地水资源被消耗于内部消费。进一步分析表明，在输出的虚拟水中，虚拟水强度大的农林牧副渔业的占比最大，超过 50%（蓝水占比 53%，绿水占比 80%，灰水占比 69%）；其次为食品制造及烟草加工业，占比约 10%。河北是另外一个虚拟水输出大于本地消费的地区，河北蓝水足迹为 $1.57 \times 10^{10} m^3$，绿水足迹为 $1.91 \times 10^{10} m^3$，灰水足迹为 $4.433 \times 10^{11} m^3$，其中 60% 以上生产水足迹以贸易形式输出到其他地区。在输出虚拟水中，依然是虚拟水强度高的农林牧副渔业的占比最大，达到 55% 以上，其次为食品制造及烟草加工业，占比约 20%。天津蓝水足迹为 9.84 亿 m^3，绿水足迹为 $1.07 \times 10^9 m^3$，灰水足迹为 $4.287 \times 10^{10} m^3$，该地区本地消费和输出至其他地区的水足迹占比均衡，各约占 50%。其中，在本地生产子目录中，农林牧副渔业占比最大，达 40% 以上，其次为食品制造及烟草加工业，约占 15%；而在输出子目录中，食品制造及烟草加工业具有绝对优势，占比超 50%。天津是农副产品加工业的重要中心，农业部门原材料经加工后，销往各地，而不仅是原材料交易，这一点与北京和河北地区有很大的不同。

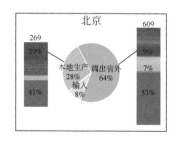
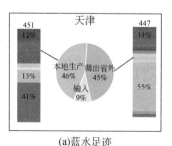
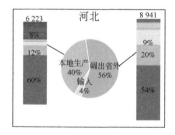

(a) 蓝水足迹

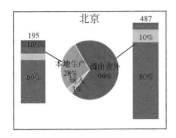
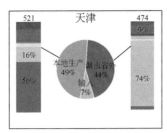
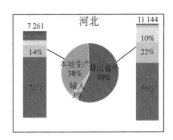

(b) 绿水足迹

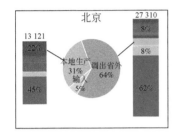
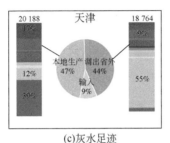
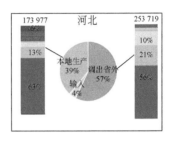

(c) 灰水足迹

- 农林牧副渔业
- 煤炭开采与洗选业
- 石油和天然气开采业
- 金属矿采选业
- 非金属矿及其他矿采选业
- 食品制造及烟草加工业
- 纺织业
- 纺织服装鞋帽皮革羽绒及其制品业
- 木材加工及家具制造业
- 造纸印刷及文教体育用品制造业
- 石油加工、炼焦及核燃料加工业
- 化学工业
- 非金属矿物制造业
- 金属冶炼及压延加工业
- 金属制品业
- 通用、专用设备制造业
- 交通运输设备制造业
- 电气机械及器材制造业
- 通用设备、计算机及其他电子设备制造业
- 仪器仪表及文化、办公用机械制造业
- 其他制造业
- 电力、热力的生产和供应业
- 燃气及水的生产与供应业
- 建筑业
- 交通运输及仓储业
- 批发零售业
- 住宿餐饮业
- 租赁和商业服务业
- 研究与试验发展业
- 其他服务业

图 7-1 京津冀 2012 年生产水足迹（10^6m^3）

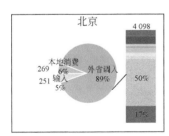
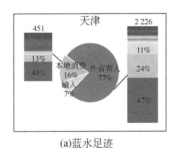
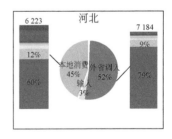

(a) 蓝水足迹

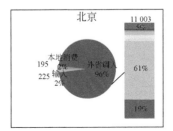
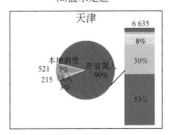
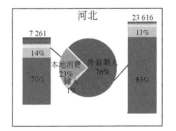

(b) 绿水足迹

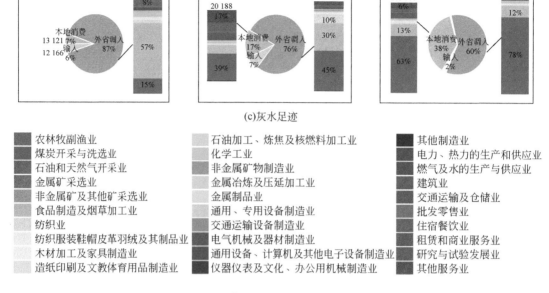

(c)灰水足迹

图 7-2 京津冀 2012 年消费水足迹（$10^6 m^3$）

在消费水足迹目录中，北京蓝水足迹为 $4.62×10^9 m^3$，绿水足迹为 $1.142×10^{10} m^3$，灰水足迹为 $1.8753×10^{11} m^3$，90% 以上的消费水足迹通过贸易从区域外输入到北京内部，这意味着北京地区 90% 以上的水资源消费依赖于外部输入，属于输入依赖度极强的一个区域。其中，50% 以上的虚拟水输入来源于食品制造及烟草加工业，15% 来源于农林牧副渔业，这意味着北京地区居民的饮食结构正向主食减少副食增加的西方发达国家式的饮食习惯转变。天津蓝水足迹为 $2.88×10^9 m^3$，绿水足迹为 $7.57×10^9 m^3$，灰水足迹为 $1.2134×10^{11} m^3$，85% 以上的消费水足迹通过贸易从区域外输入到天津内部，天津也是一个高度依赖外部虚拟水输入的地区。其中，45% 以上的虚拟水输入来源于农林牧副渔业，25% 来源于食品制造及烟草加工业，10% 来源于纺织业，这三个部门虚拟水输入占比超过 80%，是天津主要的虚拟水输入部门。河北蓝水足迹为 $1.385×10^{10} m^3$，绿水足迹为 $3.128×10^{10} m^3$，灰水足迹为 $4.558×10^{11} m^3$，约 60% 以上的消费水足迹通过贸易从区域外输入到河北内部，是输入依赖度最小的区域。约 80% 的虚拟水输入来源于农业部门，食品制造及烟草加工业次之，约占 10%，此两部门贡献河北 90% 以上的虚拟水输入。

7.4 京津冀内部虚拟水流动

图 7-3 表示京津冀地区虚拟水转移情况。整体而言，京津冀是虚拟水净输入地区，其中净输入蓝水足迹为 $3.67×10^9 m^3$，绿水足迹为 $2.944×10^{10} m^3$，灰水足迹为 $2.358×10^{11} m^3$，河

北在京津冀虚拟水贸易中占据重要地位，既是最大的虚拟水输入者，也是最大的虚拟水输出者，京津冀地区85%以上的虚拟水输出来自河北，50%以上的虚拟水输入到河北。河北也是唯一一个虚拟水净输出地区，其向其他地区输出虚拟蓝水足迹约$1.89\times10^9\text{m}^3$。北京和天津是完全的虚拟水净输入地区，其输入量远超输出量，呈现明显的不平衡状态，北京和天津主要依靠从其他地区输入虚拟水资源以维持各自的消费，这两个地区就像食物链中的消费者，从低级生产者或者次级消费者中获取食物与营养，保证自身的生存。图7-3也表明，水资源密集型产业是虚拟水输入输出的主要组成部门，其中农林牧副渔业的占比最大，食品制造及烟草加工业的次之，这两个产业在虚拟水输入输出中的占比超过60%，是未来通过调整产业结构来缓解区域水资源压力所要重点关注的两个产业。

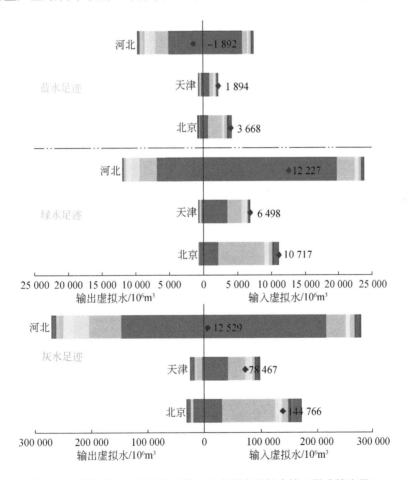

图7-3 京津冀产业虚拟水转移（点表示净虚拟水输入量或输出量）

7.5 京津冀与其他地区虚拟水贸易

图 7-4 展示了京津冀作为一个城市群与其他地区在第一产业、第二产业和第三产业的虚拟水交易的情况。第一产业中，虚拟蓝水主要从重度水短缺的新疆和河南流入京津冀，这两个地区输出至京津冀的净虚拟水量占京津冀总输入的 60% 上，分别为 $3.35 \times 10^9 \mathrm{m}^3$ 和 5.0 亿 m^3；虚拟绿水主要从中度水短缺的黑龙江和无水资源压力的湖南输入，分别为 $4.17 \times 10^9 \mathrm{m}^3$ 和 $2.53 \times 10^9 \mathrm{m}^3$，这两个省份的绿水输出量占京津冀总绿水输入的 50% 以上；虚拟灰水输入主要来自新疆和黑龙江，占总灰水输入的 40% 以上；京津冀主要向具有水资源压力的北方地区输出虚拟水，输出省份包括内蒙古、山东等地区，只有极少一部分虚拟

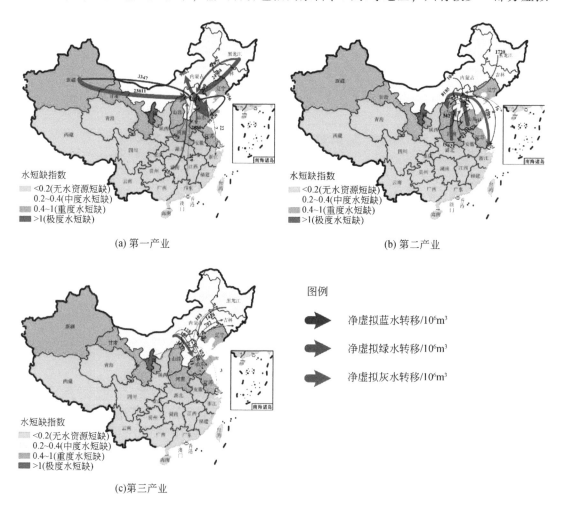

图 7-4 京津冀与其他地区虚拟水贸易

水输出到水资源丰富的南方地区。第二产业的虚拟水贸易转移方向与第一产业的相似,京津冀与其周边的水短缺地区(山东、河南和内蒙古等)具有频繁的虚拟水贸易往来,但是绝对转移量明显小于第一产业;京津冀第三产业的虚拟水转移量是三大产业中最小的,绝对转移量甚至不足第一产业的1/10,可见第三产业对虚拟水贸易影响最小。

7.6 京津冀水资源短缺评价

基于水足迹理念,构建了一种结合水量水质综合评价水资源短缺的方法,分析了京津冀13个地级市2003~2014年的水资源短缺现状及时空分布特征。通过评价不同区域的水资源短缺类型和程度,分析了区域水资源短缺特征,为区域的水资源综合管理提供了理论依据和重要支撑。

水资源短缺指标(I)是一个结合水量和水质综合评价来描述特定时期特定地区水资源短缺程度的指标,可定义为水量型缺水指标(I_{blue})和水质型缺水指标(I_{grey})之和(曾昭和刘俊国,2013;曾昭 2014)。计算公式分别如下:

$$I = I_{\text{blue}} + I_{\text{grey}} \tag{7-9}$$

$$I_{\text{blue}} = \frac{W}{Q} \tag{7-10}$$

$$I_{\text{grey}} = \frac{\text{WF}_{\text{grey}}}{Q} \tag{7-11}$$

式(7-11)中I_{blue}是水量型缺水指标,可定义为特定时期特定地区的用水量(指地表水和地下水用水量)(W,m³/a)与淡水资源量(Q,m³/a)的比值,该指标与Alcamo和Henrichs(2000)、Alcamo等(2002)提出的紧迫系数类似。I_{blue}阈值为0.4,当一个地区的I_{blue}值大于0.4时,说明此地区水量型缺水状况已十分严重(Vörösmarty et al., 2000;Alcamo et al., 2003;Falkenmark and Rockström, 2004;Oki and Kanae, 2006)。一般来说,自然径流的80%需要用来维持环境流的健康(Hoekstra and Wiedmann, 2014),所以,当I_{blue}值大于0.2时,说明当地已经面临水量型缺水问题。

式(7-11)中I_{grey}是水质型缺水指标,可定义为特定时期特定地区的灰水足迹(WF_{grey},m³/a)与淡水资源量(Q,m³/a)的比值。I_{grey}的阈值定义为1,I_{grey}小于1,说明以当地的水质标准为基础,实际可利用的淡水资源量能够稀释现有污染物;反之,表明实际可利用的淡水资源量不能够完全稀释现有污染物。

7.6.1 京津冀整体水短缺评估

京津冀地区整体的水量型缺水指标I_{blue}平均值为1.59,远高于水量型缺水阈值0.4,

这一均值也高于中国北部的平均水平 0.5 (Jiang, 2009)。除承德 (I_{blue} 均值为 0.51)、张家口 (I_{blue} 均值为 0.78)、秦皇岛 (I_{blue} 均值为 0.80) 外，其他 10 个地区的 I_{blue} 值均高于许多其他干旱地区的 I_{blue} 值，如北非 I_{blue} 值为 1.0 (Shiklomanov, 2000)，表明京津冀地区存在严重的水量型缺水问题（图 7-5）。2003~2014 年，京津冀整体的水质型缺水指标 I_{grey} 均值为 5.95，其中天津 I_{grey} 均值高达 13.17，I_{grey} 均值最小的承德 (1.79) 也远高于水质型缺水阈值 1.0，表明京津冀地区存在严重的水质型缺水问题。

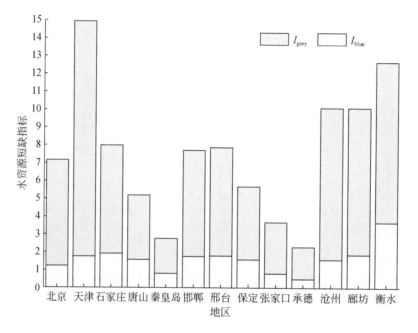

图 7-5　2003~2014 年京津冀各地区水量型缺水指标（I_{blue}）平均值和水质型缺水指标（I_{grey}）平均值

7.6.2　京津冀分地区水短缺评估

从水量型缺水程度来看，2003~2014 年京津冀各地区的 I_{blue} 平均值从大到小的顺序依次为衡水、石家庄、廊坊、邢台、邯郸、天津、保定、沧州、唐山、北京、秦皇岛、张家口、承德（图 7-6）。京津冀地区 I_{blue} 平均值从南到北整体呈现变小的趋势。这 13 个地区的 I_{blue} 平均值均大于 0.4，说明均存在水量型缺水问题。其中衡水水量型缺水程度最大，I_{blue} 平均值高达 3.72，承德水量型缺水程度最小，I_{blue} 平均值为 0.51。从水质型缺水程度来看，2003~2014 年京津冀各地区的 I_{grey} 平均值从大到小的顺序依次为天津、衡水、沧州、廊坊、邢台、石家庄、邯郸、北京、保定、唐山、张家口、秦皇岛、承德。京津冀地区

I_{grey} 从东南到西北呈现变小的趋势。这 13 个地区的 I_{grey} 平均值均大于 1,说明均存在严重的水质型缺水问题。其中,天津水质型缺水程度最大,I_{grey} 平均值高达 13.17,承德水质型缺水程度最小,I_{grey} 平均值为 1.79。

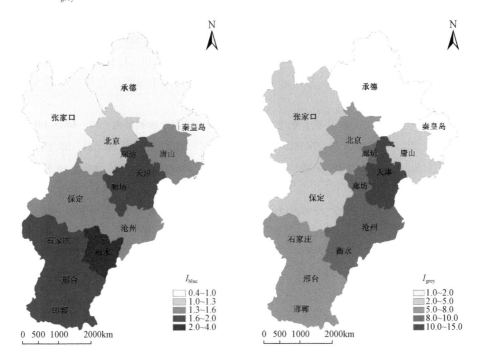

图 7-6　2003~2014 年京津冀各地区水量型缺水指标(I_{blue})平均值和水质型缺水指标(I_{grey})平均值的空间分布

7.6.3　讨论

京津冀每个地区 I_{blue} 值和 I_{grey} 值变化趋势大体一致。各地区的水资源情况是影响水资源短缺指标的重要因素之一。低的水资源总量常常伴随着较高的 I_{blue} 和 I_{grey} 值,相反,高的水资源总量,I_{blue} 和 I_{grey} 值往往较低。2012 年京津冀地区降水量丰富,属于丰水年,水资源总量较大,尤其是北京、天津、唐山、秦皇岛和保定的水资源总量均大于 30 亿 m^3。2006 年和 2014 年京津冀地区降水量相对较少,属于枯水年,水资源总量较小,尤其是衡水 2006 年和 2014 年的水资源总量仅为 2.82 亿 m^3 和 2.13 亿 m^3,廊坊 2006 年和 2014 年的水资源总量仅为 3.03 亿 m^3 和 3.72 亿 m^3,不足京津冀地区水资源总量的 2%。这也是衡水水量型缺水最为严重的主要原因。除 2005 年承德(0.31)低于水量型缺水阈值 0.4 之外,其他地区的任何时间的 I_{blue} 值均高于阈值 0.4。承德和张家口的 I_{blue} 值多年均低于 1.0,这与张家口和承德被定为京津冀地区水源涵养功能区相符,但仍高于水量型缺水阈值,如何满足当地需水量的同时为京津冀提供更多的水资源是值得关注的问题。

参 考 文 献

盖力强,谢高地,李士美,等.2010.华北平原小麦、玉米作物生产水足迹的研究.资源科学,(11):6.

刘登伟.2010.京津冀大都市圈水资源短缺风险评价.水利发展研究,10(1):5.

王浩,贾仰文,杨贵羽,等.2013.海河流域二元水循环及其伴生过程综合模拟.科学通报,58:1064-1077.

夏军,张永勇,王中根,等.2006.城市化地区水资源承载力研究.水利学报,37:1482-1488.

徐鹏程,张兴奇.2016.江苏省主要农作物的生产水足迹研究.水资源与水工程学报,27(1):6.

严登华,袁喆,杨志勇,等.2013.1961年以来海河流域干旱时空变化特征分析.水科学进展,24:34-41.

杨志峰,刘静玲,肖芳,等.2005.海河流域河流生态基流量整合计算.环境科学学报,25:442-448.

曾昭,刘俊国.2013.北京市灰水足迹评价.自然资源学报,28(7):10.

曾昭.2014.基于水足迹的水资源短缺评价.北京:北京林业大学.

张晓岚,刘昌明,高媛媛,等,2011.水资源安全若干问题研究.中国农村水利水电,1:9-13.

Alcamo J, Henrichs T. 2002. Critical regions: a model-based estimation of world water resources sensitive to global changes. Aquatic Sciences, 64 (4): 352-362.

Alcamo J, Henrichs T, Rosch T. 2000. World water in 2025. World Water Series Report: 2.

Alcamo J, Döll P, Henrichs T, et al. 2003. Global estimates of water withdrawals and availability under current and future "business-as-usual" conditions. Hydrological Sciences Journal, 48 (3): 339-348.

Batjes N H. 1994. Agro-climatic zoning and physical land evaluation in Jamaica. Soil Use and Management, 10 (1): 9-14.

Falkenmark M, Rockström J. 2004. Balancing water for humans and nature: the new approach in ecohydrology. Earthscan.

Fischer R F H. 2005. Precoding and Signal Shaping for Digital Transmission. New Jersey: John Wiley & Sons.

Hill P. 1997. The Migrant Cocoa-Farmers of Southern Ghana: A Study in Rural Capitalism. LIT Verlag Münster.

Hoekstra A Y, Chapagain A K, Aldaya M M, et al. 2011. The Water Footprint Assessment Manual: Setting the Global Standard. London: Routledge.

Hoekstra A Y, Mekonnen M M. 2011. The Monthly Blue Water Footprint Compared to Blue Water Availability for the World's Major River Basins. Delft: UNESCO-IHE.

Hoekstra A Y, Wiedmann T O. 2014. Humanity's unsustainable environmental footprint. Science, 344 (6188): 1114-1117.

Jiang Y. 2009. China's water scarcity. Journal of Environmental Management, 90 (11): 3185-3196.

Liu J, Wiberg D, Zehnder A J B, et al. 2007a. Modeling the role of irrigation in winter wheat yield, crop water productivity, and production in China. Irrigation Science, 26 (1): 21-33.

Liu J, Williams J R, Zehnder A J B, et al. 2007b. GEPIC-modelling wheat yield and crop water productivity with high resolution on a global scale. Agricultural Systems, 94 (2): 478-493.

Liu J, Yang H. 2010. Spatially explicit assessment of global consumptive water uses in cropland: green and blue water. Journal of Hydrology, 384: 187-197.

Liu J, Zehnder A J B, Yang H. 2009. Global consumptive water use for crop production: the importance of green water and virtual water. Water Resources Research, 45 (5).

Liu S, Roberts D A, Chadwick O A, et al. 2012. Spectral responses to plant available soil moisture in a Californian grassland. International Journal of Applied Earth Observation and Geoinformation, 19: 31-44.

Oki T, Kanae S. 2006. Global hydrological cycles and world water resources. Science, 313: 1068-1072.

Olness A. 1994. Water Quality: Prevention, Identification and Management of Diffuse Pollution. Journal of Environmental Quality, 24 (2).

Peters G P. 2007. Opportunities and challenges for environmental MRIO modeling: illustrations with the GTAP database//16th International Input-Output Conference: 30.

Ramankutty N, Evan A T, Monfreda C, et al. 2008. Farming the planet: 1. geographic distribution of global agricultural lands in the year 2000. Global Biogeochemical Cycles, 22 (1).

Ruane A C, Goldberg R, Chryssanthacopoulos J. 2015. Climate forcing datasets for agricultural modeling: merged products for gap-filling and historical climate series estimation. Agricultural and Forest Meteorology, 200: 233-248.

Shiklomanov I A. 2000. Appraisal and assessment of world water resources. Water International, 25 (1): 11-32.

Vörösmarty C J, Green P, Salisbury J, et al. 2000. Global water resources: vulnerability from climate change and population growth. Science, 289: 284-288.

Zhao D, Tang Y, Liu J, et al. 2017. Water footprint of Jing-Jin-Ji urban agglomeration in China. Journal of Cleaner Production, 167: 919-928.

第8章 水资源经济-社会-环境协同与权衡分析——以京津冀地区为例

8.1 以水定产的分析方法——供给约束模型

《中共中央关于制定国民经济和社会发展第十三个五年规划的建议》中强调,我国继续实行最严格水资源管理制度,"以水定产,以水定城",建立节水型社会,突出水资源硬约束,推动人水和谐发展。"以水定产"的核心是社会经济发展的模式必须适应当地的水资源承载能力,在确保生活、满足生态的前提下,合理分配生产性用水,其是"需水管理"的重要措施之一。物理型调水工程(南水北调、引黄入京、引滦入津等)是利用工程措施将水资源从水充足区域转移到缺水地区的一种途径,是增加区域可利用水量的一种重要方式。本章以京津冀地区水资源短缺现状为基础,在不考虑外部水供给的情况下,构建"以水定产"的产业结构调整情景。

本研究将"水资源硬性约束"定量为"京津冀三地水压力程度下降一个层次"所需减少的理论水资源消耗量,京津冀地区水资源压力现状见表8-1。水资源压力计算方法与标准参考Hoekstra和Mekonnen(2012)、Mekonnen和Hoekstra(2016)。多项研究表明,产业结构变化已成为部分地区拉动用水的最大减速器(Liu et al., 2018; Zhao et al., 2019; Cai et al., 2016, 2019)。Zhao等(2019)对京津冀2002~2012年的水足迹驱动力分析结果显示,产业结构效应对抑制北京的产业生产水足迹增长的平均贡献率为21%,因此本研究假设需要降低的行业耗水的21%可通过产业结构调整来实现。最终,为了满足"京津冀三地水压力程度下降一个层次"这一水资源硬性约束条件,京津冀三地2012年分别需要降低的产业直接耗水量为 $3.9\times10^7 m^3$(总量的2%)、$3.1\times10^7 m^3$(总量的2%)和 $1.143\times10^9 m^3$(总量的8%)(表8-1)。

表8-1 2012年京津冀地区供水约束设计

供水情况	北京	天津	河北	数据来源
产业直接总耗水/$10^6 m^3$	950	984	15 742	水资源公报/GEPIC模型模拟
总水资源量/$10^6 m^3$	3 950	3 294	23 553	水资源公报

续表

供水情况	北京	天津	河北	数据来源
用水消耗总量/$10^6\,m^3$	1 960	1 550	14 400	水资源公报
水压力值	2.481	2.353	3.057	
水压力水平	重度水压力	重度水压力	重度水压力	
水压力降低一个层次	2	2	2	
水压力水平	严重水压力	严重水压力	严重水压力	
需减少水资源消耗量/$10^6\,m^3$	380	232	4 979	
需减少的行业耗水/$10^6\,m^3$	184	148	5 443	
产业结构对抑制水足迹的贡献	21%	21%	21%	
产业结构调整可降低的水资源量（水资源硬约束）/$10^6\,m^3$	39	31	1 143	

产业结构调整情景主要探索只通过产业结构调整而不加大额外节水技术投入，实现供水和用水相协调的可能性，该情景的关键在于如何科学筛选水资源供给约束部门。本研究参考"以节能为目标的产业结构调整办法"和产业水足迹及生态网络定量化结果，对2012年京津冀30个部门的耗水量进行调整（宋辉和刘新建，2013）。为了降低水资源短缺对居民生活的影响、保障城市系统的正常运转，诸如交通运输业、公共卫生、教育医疗等第三产业部门不作为水资源供给约束部门。因此，供给约束部门主要集中在与生产息息相关的农林牧副渔业、建筑业。前期研究结果显示，农林牧副渔业、食品制造及烟草加工业、纺织业、建筑业等部门的水足迹的总量和强度均较高，本研究将京津冀地区直接耗水和水足迹排名前五的非服务业产业定为供给约束部门，分析约束某一产业或者两个产业的水资源消耗对经济系统的GDP和就业的影响。直接耗水可定位水资源的主要取水部门，而水足迹可追踪水资源的实际消耗部门，二者对于区域水资源利用均具有重要意义。最终，京津冀三地各需要水资源约束的部门见表8-2。农林牧副渔业由于其特殊的生产方式，其直接耗水和水足迹在总产业耗水中的占比超过60%，该部门水资源消耗的高低对产业水资源消耗影响巨大。因此，本研究将农林牧副渔业作为必须供给约束部门，其他产业则为可选约束部门。每个约束部门需降低的产业直接耗水按照其现行产业耗水量占比分配进行计算，进而依据各自产业的直接水足迹强度，推算出为了满足"水资源硬约束"条件而必须减少的总产出，结果见表8-2。满足京津冀水资源硬性约束的产业结构调整组合可为"北京农林牧副渔业+天津农林牧副渔业+河北农林牧副渔业"，也可为"北京农林牧副渔业和食品制造及烟草加工业+天津农林牧副渔业和食品制造及烟草加工业+河北农林牧副渔业和金属矿采选业"。因此，满足条件的产业结构情景共有$C_3^1 \times C_5^1 \times C_8^1 = 120$种组合。

表 8-2　京津冀产业调整情景组合　　　　　　　　　　（单位：亿元）

北京			天津			河北		
情景代码	产业组合	降低总产出	情景代码	产业组合	降低总产出	情景代码	产业组合	降低总产出
B1	1 农林牧副渔业	(22.3)	T1	1 农林牧副渔业	(13.9)	H1	1 农林牧副渔业	(374)
B2	1 农林牧副渔业+6 食品制造及烟草加工业	(21.9, 56.9)	T2	1 农林牧副渔业+6 食品制造及烟草加工业	(13.7, 75.6)	H2	1 农林牧副渔业+4 金属矿采选业	(367, 322)
B3	1 农林牧副渔业+22 电力、热力的生产和供应业	(20, 175.3)	T3	1 农林牧副渔业+12 化学工业	(13.3, 80.8)	H3	1 农林牧副渔业+6 食品制造及烟草加工业	(373, 262)
			T4	1 农林牧副渔业+14 金属冶炼及压延加工业	(13.2, 171)	H4	1 农林牧副渔业+7 纺织业	(374, 121)
			T5	1 农林牧副渔业+24 建筑业	(13.7, 111.7)	H5	1 农林牧副渔业+8 纺织服装鞋帽皮革羽绒及其制品业	(373, 104)
						H6	1 农林牧副渔业+14 金属冶炼及压延加工业	(369, 886)
						H7	1 农林牧副渔业+22 电力、热力的生产和供应业	(360, 175)
						H8	1 农林牧副渔业+24 建筑业	(371, 387)

8.2　产业结构调整情景设置

标准投入产出模型假设在给定时期内，经济系统各部门会自发调整以适应消费类型（最终需求）的变化。假定所有生产部门都是内生性的、完全弹性的，最终需求的变化会刺激其部门总产出和收入的完全变化。然而，现实生活中，受自然灾害或者资源短缺等因素影响，一些部门不会自发地膨胀或萎缩其部门的产出水平以适应最终需求的变化，所以当外界干扰强烈时，标准投入产出模型由于对供给部门假设的过度理想化，而导致其结果不符合实际情况。因此，为了准确表达外部干扰而造成的某些供给部门的约束，我们采纳了由 Miller 和 Blair（2009）、Davis 和 Salkin（1984）等学者提出的供给约束模型，其核心方程如下：

$$\begin{bmatrix} X_{\text{no}} \\ Y_{\text{co}} \end{bmatrix} = \begin{bmatrix} P_{(k \times k)} & 0_{[k \times (n-k)]} \\ R_{[(n-k) \times k]} & -I_{[(n-k) \times (n-k)]} \end{bmatrix} \times \begin{bmatrix} I_{(k \times k)} & Q_{[k \times (n-k)]} \\ 0_{[(n-k) \times k]} & S_{[(n-k) \times (n-k)]} \end{bmatrix} \times \begin{bmatrix} \bar{Y}_{\text{no}} \\ \bar{X}_{\text{co}} \end{bmatrix} \quad (8\text{-}1)$$

式中，X_{no} 为非供给约束部门的内生性总产出；Y_{co} 为供给约束部门内生性最终需求；$P_{(k \times k)}$ 为来自矩阵（$\boldsymbol{I-A}$）的前 K 行，前 K 列元素组成的矩阵，代表非供给约束部门的支出倾向，也即前 K 个部门为内生性部门，即非供给约束部门，后（$n-k$）为外生性部门，也即供给约束部门；$R_{[(n-k) \times k]}$ 为来自矩阵（$\boldsymbol{I-A}$）的（$n-k$）行，前 k 列元素组成的矩阵，代表非供给约束部门对供给约束部门总产出的平均支出意愿；$Q_{[k \times (n-k)]}$ 为来自矩阵（$\boldsymbol{I-A}$）前 k 行，后（$n-k$）列元素组成的矩阵，代表供给约束部门对非供给约束部门的支出倾向；$S_{[(n-k) \times (n-k)]}$ 为来自矩阵（$\boldsymbol{I-A}$）的后（$n-k$）行，后（$n-k$）列元素组成的矩阵，代表供给约束部门之间的支出倾向；$\bar{Y}_{\text{no}}$ 为非供给约束部门的外生性最终需求；$\bar{X}_{\text{co}}$ 为供给约束部门的外生性总产出；n 为经济系统中所有部门的数量；k 为供给约束部门的数量。

通俗地讲，供给约束模型是根据非供给约束部门的最终需求外生变量与供给约束部门的总产出外生变量由于外界干扰而发生变化时，非供给约束部门的总产出内生变量与供给约束部门的最终需求的内生变量的变化程度，进而分析供给约束部门对整个经济系统的影响。当模型中引入资源变量如水资源、土地资源时，又可利用经典投入产出模型进一步分析由于供给约束部门最终需求变化而带来的资源损失程度。

8.3 不同情境下经济-社会-环境整合分析

图 8-1 展示了供水限制情况下，京津冀地区的经济损失（GDP 损失）、就业损失（失业）和环境效益（减少灰水足迹）。只限制农业部门的水资源供应（情景 B1、T1 和 H1）对 GDP 的影响最小，分别为 16.7 亿元（京津冀地区 9.0 亿元，其他地区 7.7 亿元）、11.5 亿元（京津冀地区 6.7 亿元，其他地区 4.8 亿元）、355 亿元（京津冀地区 227 亿元，其他地区 128 亿元）。相比之下，GDP 损失最大的是场景 B3（农林牧副渔业+电力、热力的生产和供应业）、T4（农林牧副渔业+金属冶炼及压延加工业）和 H6（农林牧副渔业+金属冶炼及压延加工业），分别损失 107.5 亿元（京津冀地区 37.5 亿元，其他地区 70 亿元）、106.3 亿元（京津冀地区 40.7 亿元，其他地区 65.6 亿元）和 894 亿元（京津冀地区 417 亿元，其他 477 亿元）。情景间 GDP 损失的地域差异从河北的 2.5 倍（H6/H1）变化到北京的 6.5 倍（B3/B1），说明单位节水响应方面，非农业部门大于农业部门，并且由于生产结构和工艺的差异，每个部门的产出程度也不尽相同。我们的结果表明，水

资源限制不仅会减少限制地区和部门的经济活动,同时也会减少整个供应链上下游的其他地区和部门的经济产出。例如,在情景 H6 中,53% 的经济损失来自于与部门 1(农林牧副渔业)和部门 14(金属冶炼及压延加工业)相关的供应链部门(交通运输及仓储业、其他服务等)。因此,水资源供应受限等外部冲击将通过供应链的贸易关系影响整个经济系统。

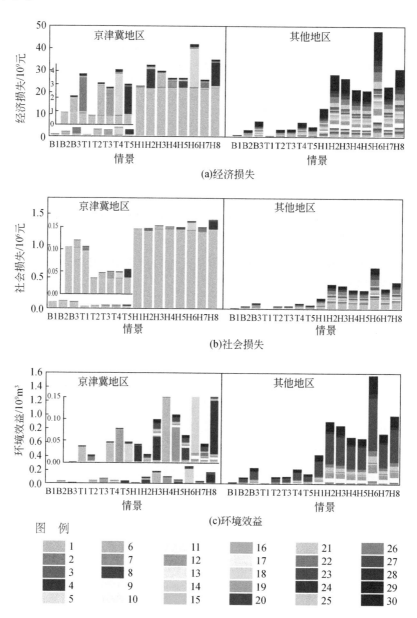

图 8-1 供水约束下的经济损失、社会损失和环境效益

与经济损失类似，仅调整农业部门用水量（情景 B1、T1 和 H1）对失业的影响最小，分别损失 11 万个（京津冀地区 10 万个，其他地区 1 万个）、4.2 万个（京津冀地区 3.6 万人，其他地区 0.6 万人）和 143.5 万个就业岗位（京津冀地区 126.5 万个，其他地区 17 万个）。相比之下，情景 B3（1 农林牧副渔业+22 电力、热力的生产和供应业，20 万）、T4（1 农林牧副渔业+14 金属冶炼及压延加工业，14 万）和 H6（1 农林牧副渔业+14 金属冶炼及压延加工业，204 万）将导致该地区最大的就业损失。分区域以水定产政策引发的就业损失差异从河北的 1.4 倍（H6/H1）变为天津的 3.3 倍（T4/T1）。

在环境效益方面，情景 B3（1 农林牧副渔业+22 电力、热力的生产和供应业）、T4（1 农林牧副渔业+14 金属冶炼及压延加工业）和 H6（1 农林牧副渔业+14 金属冶炼及压延加工业）对灰水足迹的减少贡献最大，分别为 2.52 亿 m^3（京津冀地区为 0.17 亿 m^3，其他地区为 2.35 亿 m^3）、2.66 亿 m^3（京津冀地区为 0.46 亿 m^3，其他地区为 2.2 亿 m^3）、18.2 亿 m^3（京津冀地区为 2.5 亿 m^3，其他地区为 15.7 亿 m^3）。仅限制农业用水的情景（B1、T1 和 H1）对环境保护的贡献最小，分别为北京 0.3 亿 m^3、天津 0.2 亿 m^3 和河北 4.5 亿 m^3。不同情景下，不同地区的水资源限制引发的环境收益差异从河北的 4 倍（H6/H1）到天津的 16 倍（T4/T1）不等，远大于 GDP 和社会损失的情况。与农业相比，制造业的水污染排放量更大。我们的结果表明，限制灰水足迹强度高的部门（如电力、热力的生产和供应业，金属冶炼及压延加工业以及化学工业）的生产活动对灰水足迹的减少效果更明显。

8.4 不同部门经济-社会-环境整合分析

图 8-2 显示了供水限制下京津冀地区部门尺度的经济损失、就业机会损失以及环境效益的平均绝对值和占比。京津冀地区农业（第一产业）GDP 损失（249 亿元）占总经济损失比例最大，为 36.4%；其次为其他服务业（部门 30，占比 12.6%，86 亿元）和金属冶炼及压延加工业（部门 14，占比 5.2%，35 亿元）；非金属矿采选业（部门 5，2.7 亿元）占比最小，仅为 0.4%。在区域尺度，农业对经济损失的贡献最大，北京农业对经济损失的贡献为 17%，天津为 13%，河北为 41%。类似地，各部门在就业损失中的占比在其他制造业（部门 21）的 0.07%（0.014 万个工作岗位）和农业的 77.3%（150 万个工作岗位）之间变化，占比第二大的为批发零售业（部门 26，3.8%）和其他服务业（部门 30，3%）。在区域范围内，农业的贡献仍然最大，北京、天津、河北的农业贡献率分别为 70.5%、48.4%、79.6%。在环境效益方面，住宿餐饮业（部门 27）的灰水足迹最大（5.41 亿 m^3），占京津冀地区灰水足迹总量的 42.5%；北京住宿餐饮业的比例为 43%，天津为 36.6%，河北为 43.5%。其他服务业（部门 30）和化学工业（部门 12）的影响次

之,分别为12.8%和8.3%。部门20(仪器仪表及文化、办公用品制造业)的占比最小,仅为0.026%。

值得注意的是,当评估损失和分配收益时,发现了一些很有趣的现象。经济和就业的损害主要集中在与食品相关的部门(部门1、6、26、30等),而环境的收益则主要集中在废水排放量大的行业(部门27、12等)。例如,在设计的情景模式下,部门30(其他服务业)的经济损失、就业损失和环境收益的占比分别为13%、3%和13%;相比之下,部门27(住宿餐饮业)的相应占比则为3%、2%和43%。这种不匹配突出了污染的热点区域以及考虑到了整个供应链影响后的最低成本干预区。

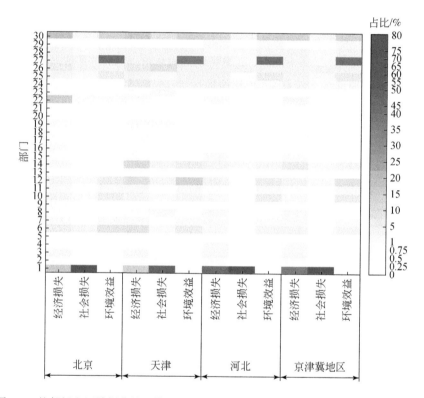

图8-2 按部门和区域划分的经济和社会损失(权衡)与环境收益(协同作用)占比

8.5 水资源刚性约束条件下产业结构调整

图8-3为京津冀地区120个产业调整情景的经济-社会-环境损益分布。各调整情景的总经济损失在383亿元(B1T1H1)和1108亿元(B3T4H6)之间变化,其中约70%情景的经济损失在500亿~800亿元。产业转型造成的平均经济损失为68.4亿元,占京津冀地

区 GDP 总量的 1.3%。在就业损失方面，岗位损失从 159 万（B1T1H1）到 238 万（B3T4H6）不等，平均损失 194 万。该值占该地区 2012 年总就业人数的 3.5%（中国国家统计局，2013）。同时，灰水足迹减少量在 4.9 亿 m^3（B1T1H1）和 23.4 亿 m^3（B3T4H6）之间波动，最大值和最小值的差值将近 5 倍，灰水足迹平均减少量为 1.27 亿 m^3，约占该地区灰水足迹总量的 2.2%。

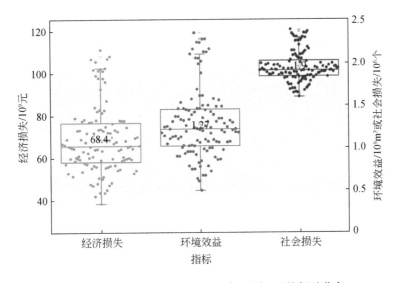

图 8-3　120 个产业调整情景的经济–社会–环境损益分布

8.6　经济–社会–环境协同和权衡分析

图 8-4 为 120 个情景组合的三维（3D）散点图，有助于未来发展路径的选择。水安全与经济增长和就业之间存在权衡关系，一些节水措施会带来经济损失和失业增加；相反，节水政策与灰水足迹之间存在协同关系。在研究区，农业、食品制造及烟草加工业和化工行业（B1T1H1、B2T1H1、B2T3H1，黄色球体）对经济的影响要小于电力、热力的生产和供应业，金属冶炼及压延加工业（B3T4H6、B3T5H6，金色球体）。类似地，一些包括食品制造及烟草加工业的调整情景（B1T1H1、B2T2H1，黄色球体等）对就业的影响小于电力、热力的生产和供应业，金属冶炼及压延加工业（B3T4H6、B3T5H6，金色球体）。在环境效益方面，金属冶炼及压延加工业，电力、热力的生产和供应业（B3T4H6、B3T5H6、B3T3H6、金色球体等）的场景对减少的灰水足迹远大于食品制造及烟草加工业、化学（B1T1H1、B2T1H1、B1T2H1、B1T3H1 黄色球体）等工业。

农林牧副渔业主要为其他产业提供附加值低的小麦、玉米等粮食产品及棉花、甜菜等

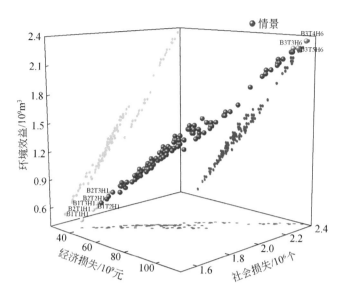

图 8-4 经济-社会-环境维度的权衡与协同作用

绿色图为 Y-Z 轴，红色为 X-Y 轴，蓝色为 X-Z 轴，紫色球为 X-Y-Z 轴

作为初级生产原料的经济作物，导致其总体 GDP 损失远低于其他产业，又由于农业生产是一项劳动密集型的生产活动，截至目前中国仍有一半以上的居民从事收入微薄的农业劳动。因此，对于农林牧副渔业这一特殊产业而言，农业生产的变动与失业人数之间富有强烈弹性，农林牧副渔业总产出微小的变动都会带来失业人数的巨大波动，尽管调整农林牧副渔业的生产活动对经济影响最小，实际政策制定过程中也要考虑诸如失业增加等社会因素对政策的响应，不应只看重经济利益而忽略社会影响。

要实现水短缺地区用水与供水相协调的目标，提高用水效率和进行节水导向的产业结构调整都是可行的。随着节水技术的发展趋于极限，未来的节水规划应该更多考虑其他驱动因素的作用（包括人口、产业结构、最终消费等）。最终措施在水足迹的变化中具有重要作用，通过行政命令规定居民消费、政府消费和输出使得区域水资源利用达到理想状态的做法可操作性低，也不符合经济发展规律，但通过约束某些部门的生产规模，来达到缓解区域水压力的供给侧改革却是一项可行的措施。由供给侧约束而带来的特定部门最终需求的减少可以通过从其他区域输入的方式补充，因为京津冀水资源短缺是区域性问题，被限制的最终消费可通过从其他水资源丰富的区域输入来补充，这种方式在现实层面是可行的。

京津冀既处于水资源禀赋不足，难以满足自身基本需求的困境，也面临着人口增长带来的日益增加的用水需求的巨大挑战。前者属于物理型缺水，可调节空间十分有限；而后者则可通过提高技术、改善生产结构等方式降低用水需求。本书将供给约束模型引入水资源调控,构建了一种"水资源硬性约束"背景下的从"需水管理"视角进行产业结构调整以达到降低京津冀地区水资源短缺程度的水资源调控方法体系,在此基础上创新性的构建了一种同时衡量经济损失、社会可持续性和生态效益的优化指标以评估产业调整的效果。从理论层面看,该方法为水资源调控领域"需水管理"提供了新方法;从政策层面看,该方法体系为水资源管理者在水资源调控方案比选和影响评估提供了技术支撑。

参 考 文 献

国家统计局. 2013. 中国统计年鉴2013. 北京:中国统计出版社.

宋辉,刘新建. 2013. 中国能源利用投入产出分析. 北京:中国市场出版社:25-31.

Cai Y, Yue W, Xu L, et al. 2016. Sustainable urban water resources management considering life-cycle environmental impacts of water utilization under uncertainty. Resources, Conservation and Recycling, 108:21-40.

Cai Y, Cai J, Xu L, et al. 2019. Integrated risk analysis of water-energy nexus systems based on systems dynamics, orthogonal design and copula analysis. Renewable and Sustainable Energy Reviews, 99:125-137.

Davis H C, Salkin E L. 1984. Alternative approaches to the estimation of economic impacts resulting from supply constraints. The Annals of Regional Science, 18(2):25-34.

Hoekstra A Y, Mekonnen M M. 2012. The water footprint of humanity. PNAS, 109:3232-3237.

Liu J, Zhao X, Yang H, et al. 2018. Assessing China's "developing a water-saving society" policy at a river basin level: a structural decomposition analysis approach. Journal of Cleaner Production, 190:799-808.

Mekonnen M M, Hoekstra A Y. 2016. Four billion people facing severe water scarcity. Science Advances, 2:e1500323

Miller R E, Blair P D. 2009. Input-Output Analysis: Foundations and Extensions. Cambridge: Cambridge University Press.

Zhao D, Hubacek K, Feng K, et al. 2019. Explaining virtual water trade: a spatial-temporal analysis of the comparative advantage of land, labor and water in China. Water Research, 153:304-314.

第 9 章 流域水资源可持续利用研究新范式

为了应对可持续发展的挑战，知识体系的构建与发展需要从传统的单学科线性树状模型向跨学科的网状模型演化。本研究以典型流域为例，阐述了为实现水资源管理和河湖复苏，如何整合水文、水质与水生态知识并开展多学科交叉研究。

全球可持续发展研究正在迅速推进，重点关注自然、社会与工程系统之间的相互作用。1987 年，世界环境与发展委员会正式提出了可持续发展概念。在联合国的努力下，又通过了《2030 年可持续发展议程》。联合国可持续发展目标是全球应对当前严峻的可持续性挑战的回应。为了实现可持续发展目标，本书以水资源为例，阐述如何构建可持续研究知识体系，以找到复杂问题的解决方案。

9.1 跨学科知识模型

知识生成、集成和传播的方式随着科技进步日益更新。17 世纪，印刷机的发明使书籍价格下降，促进了知识传播和科学进步。工业革命后，随着科学出版物的激增，科学领域不断发展壮大并被分为子领域和子子领域。其就像是一棵树，学科就像主干，子学科就像分支，专家个体就像学科树枝末端的叶子。树状模型是杜威在 1873 年十进制分类法中首次提出的，后来被世界各地的图书馆广泛采用。

工业革命改善了人类生活条件，但与其他因素结合，持续增加的工业生产也造成了全球性挑战，包括水资源短缺、气候变化、污染和生物多样性丧失等（Goudie，2018）。这些挑战是复杂且相互关联的，无法通过单独的学科来解决（Defries and Nagendra，2017）。因此，需要从单学科和线性思维中走出来，运用跨学科思维概化问题、生成知识并制定解决方案（Irwin et al.，2018）。树状模型应演化为网状模型（图 9-1），在该模型中，需构建学科分支之间的知识，并建立跨学科联系，以提出解决方案。

图 9-1 可持续发展研究从树状模型向网状模型的范式转变

9.2 水资源可持续利用研究的范式转变

管理水资源是人类解决最紧迫挑战的核心手段之一（Vörösmarty et al., 2013）。水维系着生态系统功能，在社会经济发展中发挥关键作用，对人类生存至关重要。水资源的管理往往涉及许多利益攸关方，他们的价值观或许相互冲突、相互竞争，他们的目标和生存需求或许跨越物理、政治与司法等多个边界（Edelenbos et al., 2011）。

历史上，树状模型对于理解和解决特定或局部问题较为有效。例如，19世纪伦敦遭遇致命霍乱时，约翰·斯诺将疾病追溯到一口被污染的井。相应的解决方案是将水集中处理和分配，该工程促生了"卫生工程学"（现为环境工程）学科的诞生。然而，这种精心设计的解决方案不足以解决当前的环境问题，因为当前环境问题已超越地方与政治边界，并涉及人类社会和自然环境间的多重非线性交互关系（Sivapalan et al., 2014）。为了可持续地管理水资源，需要横跨水文学、生态学、公共卫生学、社会学、心理学、气象学等多个学科，知识生成的网状模型最适合水资源管理的当前需求（图9-2）。为了解决水资源短缺、水资源分配和上下游水污染影响等问题，跨学科合作至关重要。

中国黑河水资源流域修复工程是网状模型的典型案例。黑河流域是中国第二大内陆河流域，位于干旱半干旱的西北地区，是尾闾湖居延海的重要源头，滋养着周边绿洲。居延海自1992年起干枯，湖泊的退化不仅导致绿洲面积萎缩，而且导致湖岸沙地成为潜在沙尘污染源，对方圆数千里地区（如北京）的生态环境造成不良影响。黑河流域问题的早期研究遵循树状模型。20世纪90年代以前，黑河研究主要集中在水文过程、农业用水等方面，但这样的研究并没有扭转生态退化的趋势。湖泊的持续退化使研究人员和决策者意识到从树状模型中获得的知识是不够的，鉴于此，20世纪90年代初开始了跨学科研究。

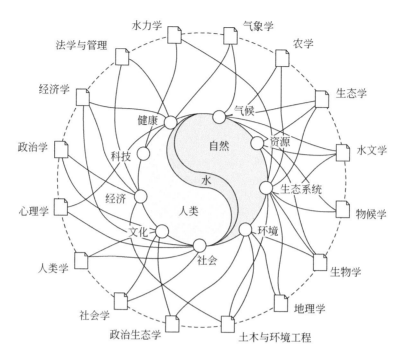

图 9-2 基于网络的水资源可持续研究方法示意

1995 年,由多家机构组成的跨学科合作研究小组对居延海干枯的驱动力进行了研究,水文学家、社会学家及生态系统健康专家合作解决了这一问题(Gong et al., 2002)。正是因为黑河中游地区农业扩张,中游耗水量不断增加,导致下游湖泊退化(Qi and Luo, 2005)。研究人员与中央、地方政府进行跨学科、跨部门的沟通、努力、设计与研究,最终确定出最优方案解决了流域水资源可持续利用问题。

1995 年跨学科合作研究的成果之一是提出了水资源分配方案,中央政府于 2000 年接受了此方案,其对未来几十年生态环境改善起到了重要作用。2010 年,国家自然科学基金委员会投入 2 亿元启动"黑河流域生态–水文过程集成研究"项目,探讨水、生态系统和经济的相互关系(Li et al., 2013;Cheng et al., 2014)。来自几十个研究所的研究人员参与了该项目,他们的研究背景从水文学、生态学、环境科学、气候科学到经济学和法学,跨越多个学科。

这种跨学科、以解决方案为导向的转变,在恢复黑河流域退化生态系统、扩大居延海面积、恢复下游地区地下水位等方面发挥了重要作用(Cheng et al., 2014)。黑河流域的研究和实践经验促进了中国其他干旱半干旱流域的可持续发展(Cheng et al., 2014)。例如,中国科学院在祁连山地区疏勒河流域和石羊河流域开展了山、水、林、田、湖综合评价试点。

另一个案例是对印度南部阿卡瓦西（Arkavathy）河的研究，结果表明，复杂知识网络是理解水危机本质和解决水资源短缺的可行方法。阿卡瓦西河发源于班加罗尔北部的南迪山，流经一系列湖泊，最终流入 Thippagondanahalli 水库。该水库建于1935年，曾是班加罗尔1200多万人口的主要水源。近年来，流入水库的水量大幅减少，水库不能再向城市供水了。经实地调查及与当地农民、政府机构讨论，并未对历史干旱的原因达成共识（Srinivasan et al., 2015）。

地球科学家确定了主要的生物物理因素，如桉树人工林的种植和河流破碎化，是地表和地下水减少的原因（Srinivasan et al., 2015）。针对这些诱因，政府制定的政策最初集中在技术补救上，但成效并不显著，因为它们只是为了转运水，无法解决水资源管理不善的问题。社会学家进一步的研究揭示了水资源管理不善的潜在驱动因素，即农民从依靠雨水灌溉的农业转移到桉树种植业，需要打深井灌溉（Patil et al., 2019）。社会学家还解释了城镇化导致了对水密集型高价值商业作物需求的增长，并进一步降低了传统农业劳动力可用性（Patil et al., 2019）。因为所有可用水资源都被利用，这是一个零和博弈。全靠水资源供给是行不通的，社区必须在资源有限的情况下，通过水资源核算原则来管控利用。印度国家水资源计划采纳了该原则，到2018年，已有11个州加快了区域水资源核算制度进程。该管理可能包括气候变化情景，以应对印度天气变化模式。这一切都源于跨学科的研究合作。

9.3 水资源可持续利用研究的网状模型

中国和印度的案例表明，通过改进研究过程、优化目的决策，将树状知识生成模型转化为网状知识生成模型，对于解决可持续性相关问题至关重要。这些案例也体现了研究人员在知识生成过程中面临的挑战。

第一个挑战是明确核心问题，这需要跨学科的网状研究方法，然而，我们的学术研究模式通常不能满足网状模型所需要的交互形式。要改变根深蒂固的树状模型思维模式，通常需要几番讨论，但幸运的是，在上述案例研究中，研究机构设置和问题紧迫性将研究人员聚集在一起，促进了网状结构的生成。

第二个挑战是从明确问题转向提出并实施解决方案。许多学者不愿意从以追求客观真理为导向的知识获取思维方式转变为以解决问题为导向的知识创新思维方式，因为后者需要付出跨学科的努力。在上述两个案例中，紧迫的水危机问题，使得专家们的思考超越了纯粹的知识生成。

第三个挑战是实现大规模变革。在案例中，大规模变革是研究人员、政策制定者和实践者共同在跨学科寻求解决方案的过程中得出的结果。网状结构不仅在学术界之间，还在科学家、社会和决策者之间创造了联系。在两个案例中，大规模性研究从一开始就是一个目标，而密切关注政策制定过程、与当地利益攸关方合作以及媒体对研究成果的传播使之付诸实践。

第四个挑战是学术机构和研究机构如何重组教育模式以促进跨学科合作和利益相关者合作，这是一项严峻挑战（Irwin et al.，2018）。2018 年，深圳、太原和桂林成为中国首批可持续发展议程创新示范区，通过融资、项目合作等方式让各级利益相关方参与生态环境治理。负责印度项目的机构建立了 Ashoka 生态与环境研究信托基金，该基金围绕可持续发展主题组织了项目，积极鼓励跨学科合作及政策制定与实施（Bawa and Balachander，2016）。

网状模型在生成可持续性知识和解决方案两方面具有巨大的潜力。该模型提供了一个框架，将不同学科以及社会各界利益攸关方和推动者聚集在一起。全球范围内，学术界正在抓住跨学科研究的新机会，以解决社会和环境间的复杂问题。为了构建网状模型，需要加快学术机构快速重组才能得以实现（Irwin et al.，2018）。

参 考 文 献

Bawa K, Balachander G. 2016. Sustainability science at ATREE: Exhilaration, bumps, and speed-breakers when rubber meets the road. Current Opinion in Environmental Sustainability, 19: 144-152.

Cheng G, Li X, Zhao W, et al. 2014. Integrated study of the water-ecosystem-economy in the Heihe River Basin. National Science Review, 1 (3): 413-428.

Defries R, Nagendra H. 2017. Ecosystem management as a wicked problem. Science, 356 (6335): 265-270.

Desa U N. 2016. Transforming our world: the 2030 agenda for sustainable development. https://doi.org/10.1201/b20466-7 [2022-12-01].

Edelenbos J, van Buuren A, van Schie N. 2011. Co-producing knowledge: joint knowledge production between experts, bureaucrats and stakeholders in Dutch water management projects. Environmental Science and Policy, 14 (6): 675-684.

Gong J D, Cheng G D, Zhang X Y, et al. 2002. Environmental changes of Ejina region in the lower reaches of Heihe River. Advance Earth Sciences, 17 (4): 491-496.

Goudie A S. 2018. Human Impact on the Natural Environment. Hoboken: John Wiley & Sons.

Irwin E G, Culligan P J, Fischer-Kowalski M, et al. 2018. Bridging barriers to advance global sustainability. Nature Sustainability, 1 (7): 324-326.

Li X, Cheng G, Liu S, et al. 2013. Heihe watershed allied telemetry experimental research (HiWater) scientific objectives and experimental design. Bulletin of the American Meteorological Society, 94 (8): 1145-1160.

Patil V S, Thomas B K, Lele S, et al. 2019. Adapting or Chasing Water? Crop Choice and Farmers' Responses to Water Stress in Peri-Urban Bangalore, India. Irrigation and Drainage, 68 (2): 140-151.

Qi S Z, Luo F. 2005. Water environmental degradation of the Heihe River Basin in arid Northwestern China. Environmental Monitoring and Assessment, 108 (1-3): 205-215.

Session S W. 1987. World Commission on Environment and Development (Vol. 17). Oxford: Oxford University Press.

Sivapalan M, Konar M, Srinivasan V, et al. 2014. Socio-hydrology: use-inspired water sustainability science for the Anthropocene. Earth's Future, 2 (4): 225-230.

Srinivasan V, Thompson S, Madhyastha K, et al. 2015. Why is the Arkavathy River drying? A multiple-hypothesis approach in a data-scarce region. Hydrology and Earth System Sciences, 19 (4): 1905-1917.

Vörösmarty C J, Pahl-Wostl C, Bunn S E, et al. 2013. Global water, the anthropocene and the transformation of a science. Current Opinion in Environmental Sustainability, 5 (6): 539-550.